Wir machen einen

BASAR

Ideenmarkt fürs
Planen,
Basteln und
Gestalten

CHRISTOPHORUS

INHALTSVERZEICHNIS

VORWORT

Wir machen einen Basar

„Die neuerdings in Europa sehr beliebten Ausstellungen von unentgeltlich gespendeten Kunst- und Gebrauchsgegenständen, die zu wohlthätigen Zwecken verkauft werden, bezeichnet man mit dem Namen Bazar.“

Es hat sich offensichtlich seit 100 Jahren nicht viel an der Beliebtheit der Basare geändert, denn diese Beschreibung stammt aus Brockhaus‘ Konversationslexikon aus dem Jahre 1893. Noch immer - und zwar mit zunehmender Tendenz - finden zu bestimmten Anlässen, wie Weihnachten oder Ostern, Basare statt, und während des Jahres locken zahlreiche „Kunsthandwerkermärkte“, auf denen Selbstentworfenes und Selbsthergestelltes zum Verkauf angeboten werden.
Die Vorbereitungen für einen echten „Basar“ sind vielfach ein „gesellschaftliches Ereignis“: Oft setzen sich die Mitglieder von Gruppen und Vereinen zusammen, um gemeinsam zu basteln und dann mit dem Erlös für ihre Produkte einem wohltätigen Zweck zu dienen. Hier kommen ganz unterschiedliche Begabungen zum Einsatz, und deshalb wird das Angebot meist recht vielseitig. Auch der Verkauf der kleinen Kostbarkeiten ist wiederum eine kommunikationsfördernde Veranstaltung: Bei kaum einer anderen Gelegenheit kommen an einem Tag so viele Bekannte und Verwandte vorbei, um mit den fleißigen Bastlern ein paar Worte auszutauschen und nach originellen Neuheiten Ausschau zu halten.
Basarerfahrene Leute wissen, daß es inzwischen gar nicht mehr so leicht ist, die Käufer zufriedenzustellen. Die einen suchen preiswerte Kleinigkeiten, die anderen ausgefallene Werkstücke, für die sie auch gerne einen höheren Preis bezahlen. Wer einen Basar zum Erfolg führen will, sollte versuchen, beiden Käufergruppen gerecht zu werden. Es werden umfangreiche Anregungen in diesem Buch mit seinen hunderten von Beispielen und seinen zahllosen Tricks und Tips gegeben. Die Vielzahl der am Entstehen beteiligten Autorinnen ist sicher eine Garantie dafür, daß für jeden Geschmack etwas dabei ist. Die reichhaltigen Anregungen sind allerdings nicht nur für „professionelle BasarveranstalterInnen“ reserviert, sondern auch für all jene gedacht, die gerne für die eigenen vier Wände basteln.

Zum Schluß wünscht Ihnen das gesamte Autorinnenteam viel Spaß beim Basteln und viel Erfolg beim Verkauf.

Von der groben Idee zur detaillierten Planung

Am Anfang jeder guten Sache steht die Idee. Die Idee, einen Basar zu veranstalten, kann mehrere Gründe haben: Entweder man möchte als Mitglied einer Gruppe, Gemeinschaft oder eines Vereins mit dem Erlös des Basars der eigenen Institution (Kindergarten, Kirchengemeinde, Schule o.ä.) dienen, eine Renovierung mitfinanzieren, einen Um- oder Ausbau vorantreiben, sozial schwachen Mitgliedern helfen... Oder man verfolgt als Mitglied einer Interessensgemeinschaft (Caritas, Arbeiterwohlfahrt, Rotes Kreuz, Amnesty International o.ä.) ein übergeordnetes Ziel und möchte beispielsweise Flüchtlingen, Asylanten oder Aussiedlern das Leben ein wenig erleichtern. Oder – last but not least – bastelt man vereinsungebunden einfach nur für sich und präsentiert seine Arbeiten gerne beispielsweise jedes Jahr zu Ostern und/oder zu Weihnachten. Wie dem auch sei: In jedem Fall ist ein Basar immer gemeinnützig und verfolgt nicht wirtschaftliche Interessen wie gewerbliche Märkte, Messen und Ausstellungen. Es gibt also viele gute Gründe, einen Basar auszurichten, und damit er ein Erfolg auf der ganzen Linie wird, will dieser Ratgeber viele praktische Tips und Anleitungen geben, was sowohl dessen Organisation also auch Durchführung angeht.

FRÜHZEITIGE PLANUNG

Die Entscheidung, einen Basar zu veranstalten, sollte frühzeitig getroffen werden - am besten gar ein Jahr im voraus. Alle Mitglieder der ausrichtenden Gemeinschaft sollten darüber informiert und zur Mitarbeit motiviert werden. Die frühzeitige Planung ist aus mehreren Gründen ratsam:

- Die Raumfrage – sofern der Basar nicht in den Räumen der eigenen Institution stattfindet – wird zu keinem Problem. Wer zuerst kommt, mahlt zuerst!
- Für einige Bastel- und Kocharbeiten ist man saisonabhänig: Beispielsweise bieten sich beim Arbeiten mit Blättern, Gräsern u.ä. Naturmaterialien oder beim Einmachen von Obst oder Gemüse der Frühling und Sommer an. Der- bzw. diejenige, der/die beispielsweise erst im Herbst mit der Planung eines Weihnachtsbasars beginnt, hat begrenztere Bastel- und Kochmöglichkeiten.
- Durch frühzeitige Planung wird Streß vermieden, und das schrittweise, gemeinsame Vorbereiten hat den Charakter netten, gemütlichen Beisammenseins.

TIP: Es bietet sich an, an alle Mitglieder des Vereins oder der Gemeinschaft einen Rundbrief zu schreiben, in dem über das Vorhaben, einen Basar zu machen, informiert und der Termin für eine erste Informationsveranstaltung genannt wird.

Da die Organisation eines Basars in der Regel aufwendiger ist, als man zunächst meint, ist es ratsam, bei diesem ersten Treffen mehrere Arbeitsgruppen zu bilden. Man kann bei einem größer angelegten Basar beispielsweise für die formalen Dinge eine Organisations- und eine Finanzgruppe und für den kreativen Teil Back-, Bastel- und Nähgruppen ins Leben rufen. So brauchen nicht immer alle über alles zu sprechen, sondern überschaubare Einzelaufgaben werden von wenigen Verantwortlichen gemeinsam erledigt.

Die im folgenden erteilten Anregungen gehen von der Organisation eines relativ großen Basars aus, an dessen Vorbereitung und Durchführung viele Menschen beteiligt sind. Viele der Tips und Hinweise werden aber auch Veranstaltern kleinerer Basare hilfreich sein, und selbst routinierten Veranstaltern werden praktische Rationalisierungsvorschläge eine Verfeinerung ihrer Organisation ermöglichen.

DAS ORGANISATIONSTEAM

Diese Gruppe von Mitgliedern ist für die gesamte Dauer der Vorbereitung und Durchführung eines Basars gefragt und sollte die äußeren Rahmenbedingungen abchecken:

- Klappt der Termin?
- Wählt man die eigenen oder öffentliche Räumlichkeiten?
- Sofern es notwendig wird, einen Raum zu mieten, muß schnellstens geklärt werden, ob er zum gedachten Termin freisteht und ob er kostenlos oder kostenpflichtig zu mieten ist. In der Regel werden gemeinnützigen Basaren öffentliche Räumlichkeiten kostenlos zur Verfügung gestellt; es kommt meist nur eine Endreinigungs-, Strom- und Wassernutzungspauschale auf die Veranstalter zu.
- Bei einem Straßenbasar muß der Termin frühzeitig bei der Gemeinde angemeldet werden. Bei gemeinnützigen Basaren wird in den meisten Fällen auf die Erhebung einer Grundgebühr verzichtet; allenfalls ist ein geringer, meist nicht nennenswerter Anerkennungspreis zu zahlen, der 100,- DM auf keinen Fall übersteigt.
- Wie sieht das kulturelle Programm der Stadt aus, in der der Bazar stattfinden soll? Manchmal ist es sinnvoll, eine Veranstaltung zu verlegen, wenn parallel zu dem erwünschten Termin andere interessante Ereignisse stattfinden.
- Welche Tische oder Stände stehen zur Verfügung? Müssen Basarstände organisiert werden, oder reichen einfache Tische, die hübsch dekoriert werden, aus?
- Damit beim Basaraufbau kein Chaos entsteht, empfiehlt es sich, die Basarstände bzw. die Plätze, auf denen sie aufgebaut werden, frühzeitig zu markieren und mit Namen zu versehen, so daß die Standinhaber ihren Platz selbst finden können.
- Ratsam ist es auch, allen Standinhabern eine Liste mit praktischen Dingen und Utensilien zu geben, die mitzubringen oder zu bedenken sind. Hier werden leicht Kleinigkeiten vergessen, durch die der Aufbau des Standes und der Ablauf des Basars maßgeblich erleichtert werden könnten.

Solch eine Hilfestellungsliste könnte folgendermaßen aussehen:

Hinweise auf die Teilnahme am Weihnachtsbasar am 12. Dezember

● Verlängerungskabel	so lange wie möglich
● Beleuchtungsgegenstände	Lampen, Spots, Kerzen
● Dekorationsmittel für die Tische	lange Tischdecken, Accessoires
● bei Lebensmitteln und Getränken	Besteck, Geschirr (kein Einweg) Servietten, Gläser
● eigene Kaffeemaschine	Kaffee, Sahne, Zucker
● Werkzeug	Nägel, Klebeband, Klebstoff, Hammer, Schere, Metermaß, Sicherheitsnadeln

DIE FINANZGRUPPE

Das Ausrichten eines Basars bringt zwar schlußendlich Geld in die Kasse, die Vorbereitungen sind aber zunächst mit Ausgaben verbunden. Zwei Leute sollten damit betraut werden, eine „Basar-Kasse" zu führen, in der alle Ausgaben verzeichnet werden. Dies ermöglicht einerseits, den Überblick zu behalten, und andererseits die Ausgaben später mit den Einnahmen gegenrechnen zu können.
Für was können Ausgaben auf die Veranstalter zukommen, die nicht unbedingt von den Standinhabern selbst getragen werden sollten?

- Für das evtl. Anmieten eines Raumes
- Für das evtl. Anmieten von Ständen
- Für Nutzung von Strom, Licht, Reinigungskräften...
- Für das evtl. Anmieten eines Kühlschranks, wenn leichtverderbliche Lebensmittel zum Verzehr angeboten werden
- Für Werbeaktivitäten
- Für Rundschreiben
- Für diverse Kleinigkeiten

DIE WERBEGRUPPE

Damit auch viele BesucherInnen von der Veranstaltung erfahren, ist es nötig, die Werbetrommel zu schlagen, und sinnvoll, mehrere zeitlich z. T. versetzte und z. T. gleichgeschaltete Werbeaktionen zu starten:

- Die lokale Presse und auch kleinere wöchentlich erscheinende Anzeigenblätter sollten etwa 2 Wochen vor dem Termin und am Veranstaltungstag selbst (wenn es ein Sonntag ist: samstags) auf den Basar hingewiesen werden, damit der Termin in die Veranstaltungskalender aufgenommen werden kann. Bei monatlich erscheinenden Kulturanzeigern entsprechend früher ankündigen!
- Persönliche Bekannte der Veranstalter sollten gezielt angeschrieben oder angesprochen werden.
- Ein Handzettel wirkt manchmal Wunder: Die Handzettel (DinA 5) sollten hübsch und anschaulich gestaltet und am besten auf farbiges Papier kopiert werden. Sie können in Briefkästen gesteckt, bei Banken, in Geschäften, in Schulen, Bibliotheken und Vereinszentren ausgelegt oder direkt auf der Straße verteilt werden. Beim Auslegen in öffentlichen Gebäuden bitte vorher um Erlaubnis bitten! Datum, Beginn, Ende und Ort der Veranstaltung leicht erkenntlich notieren, und Nennung der Veranstalter nicht vergessen!
- Schön ist es, wenn der örtliche Rundfunksender auf die Veranstaltung hinweist; damit vergrößert sich der regionale Einzugsbereich der BesucherInnen deutlich.

Die Werbegruppe sollte unbedingt daran denken, am Tag der Veranstaltung die Stände vor und während des Basars zu fotografieren. Dies bereichert das eigene Archiv, gibt Denkanstöße für Folgebasare, hält fest, was sehr gut, gut und weniger gut gelaufen ist und wird zur schönen Erinnerung für alle, die mitgemacht haben.

DIE GESTALTUNGSGRUPPEN

Um beim eigentlichen Basar so unterschiedliche Angebote wie möglich zu machen, sollten die Mitglieder der Gemeinschaft nach ihren Vorlieben, Kenntnissen und Fähigkeiten in Untergruppen aufgeteilt werden.

Denkbar sind folgende Untergruppen:
- Basteln für Kinder
- Basteln mit Kindern
- Basteln für ein spezielles saisonales Ereignis wie: Weihnachten, Ostern, Muttertag…
- Nähen, Sticken oder Stricken
- Seidenmalerei
- Basteln mit Papier
- Floristik

ORGANISATIONSPLAN

Unvermeidlich für das Gelingen des gesetzten Ziels ist die detailgetreue und rechtzeitige Vorbereitung und Durchführung!
Jede Arbeitsgruppe sollte zunächst einmal konkrete Einzelschritte definieren:
- Was möchten wir basteln, backen, nähen…?
- Wann können wir uns in regelmäßige Abständen treffen? Wöchentlich? Monatlich? Uhrzeit?
- Mit welchem Zeitaufwand ist zu rechnen?
- Welche Materialien werden dazu benötigt?
- Wer besorgt was und wann? Einkaufsliste schreiben!
- Wann fangen wir an, wann müssen wir spätestens fertig sein?

Diese langfristige Planung sollte protokolliert werden, damit keine Absprachen und Vorüberlegungen vergessen werden. Am besten ist es, eine/n „SchriftführerIn“ zu ernennen und mit dieser Aufgabe zu betrauen, der/die bei Detailfragen auch AnsprechpartnerIn sein kann.

DREI CHECKLISTEN

Ideale Hilfsmittel für die Gewährleistung eines reibungslosen Ablaufs sind Checklisten. Folgende drei Beispiele sollen vorführen, wie solche Listen aussehen können. Sie sind leicht selbst zu machen, können beliebig ergänzt und erweitert, sollten fotokopiert und an alle Mitmachenden ausgeteilt werden. Exemplarisch durchgespielt wird hier die Gruppe: „Basteln mit Papier".

CHECKLISTE 1: TERMINFAHRPLAN

Zunächst interessiert ein genauer Terminplan, der individuell für die jeweiligen Arbeitsgruppen aufgestellt wird. Er sollte großzügige Zeiträume nennen, damit das Vorbereiten Spaß macht und nicht in „Arbeit" ausartet. Das Einbauen von zeitlichen Regelmäßigkeiten, d.h. beispielsweise turnusmäßig sich wiederholende Treffen, erleichtert die Einhaltung von Zeitplänen.

Arbeitsgruppe: Basteln mit Papier **Checkliste 1**

Thema: Zeitplan

Datum	Was ist zu tun	Wer	okay
12. April	1. Treffen Besprechen der Arbeitsschritte	alle	✔
bis zum 1. Mai	Beschaffung und Bereitsstellung der Materialien	Susanne Petra	✔
jeden zweiten Dienstag im Monat (ab Mai)	Weihnachtskarten basteln	bei Susanne	
jeden zweiten Mittwoch im Monat	Fensterbilder basteln	bei Claudia	✔
jeden ersten Freitag im Monat	Zusammenführen der Bastelarbeiten	alle in ihren Gruppen	
2 Wochen vor Basar	Alle Bastelarbeiten Kleine Feier!	alle bei Susanne	
2 Tage vor Basar	Organisation von Auto	Susanne	

CHECKLISTE 2: KOMPETENZVERTEILUNG

Hier geht es darum, wer bis wann welche Aufgaben übernehmen darf:

Arbeitsgruppe: Basteln mit Papier **Checkliste 2**

Thema: wer macht was

zu treffende Vorbereitungen	bis wann zu erledige	Wer?	okay
Papier und Wellpappe	15.3.	Susanne	✔
Scheren organisieren	15.3.	Susanne	
Klebstoff, Büroklammern, dickes Buch, Lineal besorgen	15.3.	Claudia	

CHECKLISTE 3: ORGANISATIONSHILFE

Damit jeder weiß, was wo am günstigsten zu besorgen ist, hilft eine weitere Checkliste mit genauen Angaben zu Mengen und Bezugsquellen.

Arbeitsgruppe: Basteln mit Papier **Checkliste 3**

Thema: Organisationshilfe

Art des Materials	Menge	Anmerkungen	okay
Papier	je 3 Bögen Fotokarton: Blau, Gelb, Rot	Bei Schreibwaren Bühl am billigsten	✔
Wellpappe	je 3 Bögen: Rot, Blau, Schwarz	im Bastelland gesehen	
Büroklammern	1 Päckchen	Papi fragen	
Lineal	4 Stück	Papi fragen	

ZU ARBEITSWEISE UND -AUFTEILUNG

Die Art der Bastelarbeiten wirkt sich unterschiedlich auf die effektivste Arbeitsweise aus. Gemeinsames Basteln hat in der Regel Vorteile – vor allem wenn es sich um aufwendige Arbeiten handelt:

Die Arbeitsabläufe können nach Begabung und Können sowie in Teilschritten aufgeteilt werden. Dies ist vor allem dann von Vorteil, wenn es auf kleine oder größere Vorkenntnisse im Umgang mit bestimmten Materialien ankommt. So kann z. B. in der Nähgruppe eine gute Näherin die Arbeiten an der Nähmaschine übernehmen, während andere, Ungeübterere, den Stoff ausschneiden, zunähen, bemalen können.
Hand in Hand zu arbeiten, hat neben der Freude, die es macht, auch den Vorteil, daß gerade die Produktion vieler gleicher Teile nicht so langweilig wird. Die Kommunikation sollte immer im Vordergrund stehen, deshalb sollte keiner mit seiner Bastelarbeit überfordert sein.

Zeitaufwand: Der für das Anfertigen der in diesem Buch vorgestellten Basargegenstände benötigte Zeitaufwand ist sehr unterschiedlich. Er reicht von ein paar Minuten bis zu ein paar Stunden.
Die einen Gruppen nehmen sich mehr, die anderen weniger Zeit; die einen BastlerInnen sind erfahrener, andere weniger. Um dennoch auf einen Blick erkennen zu können, wie anspruchsvoll das jeweilige Bastel-, Näh- oder Backobjekt ist, wurden drei Symbole entworfen, die jeder Bastelanleitung vorangestellt sind:

Schwierigkeitsgrad: Hier wird ein Hinweis auf den Schwierigkeitsgrad der einzelnen Arbeit gegeben. Schwierige Arbeiten sollten nur von geübten BastlerInnen nachgearbeitet werden. Ungeübte BastlerInnen sollten entweder etwas anderes auswählen, oder zunindest eine/n geübte/n BastlerIn in ihrer Nähe wissen.

Herstellungszeit: Die Herstellungszeit richtet sich natürlich nach den Fertigkeiten der BastlerInnen. Bei der Zuordnung der Angabe wurde von durchschnittlichen Könnern ausgegangen. AnfängerInnen sollten etwas Zeit hinzufügen, KönnenInnen etwas Zeit davon abziehen.

Herstellungspreis: Hier kann es sich nur um ca.-Angaben handeln, da viele Bastelarbeiten aus Resten, die man nicht zu kaufen braucht, hergestellt werden können, und da einige Grundmaterialien im Kaufpreis sehr variieren. Mit diesen Angaben soll aber wenigstens ein etwaiger Eindruck vermittelt werden, der ausschlaggebend dafür sein kann, ob ein Bastelobjekt als „Massenproduktion" oder als Einzelbeispiel nachgearbeitet wird.

DIE PRÄSENTATION: ÜBER BASARSTÄNDE

Basarstände können ganz unterschiedlich aussehen: Vom „handgestrickten“ Basarstand bis zum Profi-Stand ist alles möglich – jede Art hat ihren Reiz! Um das einheitliche Bild zu wahren, bietet es sich an, daß die Stände vom Niveau her – trotz individueller Ausgestaltung – ähnlich sind. Man kann von drei Arten von Basarständen ausgehen:

DER GEMEINDESTAND

Bei kirchlichen wie auch kommunalen Gemeindebasaren ist es üblich, Tische zu nehmen, die hübsch dekoriert werden. Dabei sollte der Phantasie keine Grenzen gesetzt werden. Meist werden einfache Tische zur Verfügung gestellt, die jeder Basarstandinhaber für sich dekoriert. Besonders wirkungsvoll ist es, wenn man den Platz hat, zwei Tische im rechten Winkel aneinanderzustellen. Dies verleiht den Basarteilnehmern das Gefühl einer Koje und schafft besondere Dekorationsmöglichkeiten. Wenn die Veranstalter darüber hinaus noch hintere Stellwände zur Verfügung stellen oder organisieren können, hat man nicht nur noch mehr Dekorationsmöglichkeiten, sondern man ist vom eigenen Stand eingerahmt. So wirkt der Stand in sich abgeschlossen, und es ist weitaus gemütlicher, als an einem nicht abgegrenzten Tisch zu sitzen.

TIP: Es sieht um ein vielfaches attraktiver aus, wenn die Tischdecken, die über die Basartische gelegt werden, bodenlang sind. Hinter bzw. unter solch einem „Versteck“ lassen sich viele Utensilien unterbringen, ohne daß der Stand schnell unordentlich wirkt.

DER KOMMERZIELLE MARKTSTAND

Für große Basare bietet die Stadt (Ansprechpartner = Bauhof) Weihnachts- oder Bauernmarktstände an, die sie entweder gegen eine geringe Unkostenbeteiligung oder gegen eine fest definierte Standmiete verleiht.
Diese Stände sind professionell, meist überdacht und häufig wie Hütten konzipiert. Sie bieten sich vor allem dann an, wenn der Basar draußen stattfinden soll. Hier sind auch Stromanschlüsse inbegriffen. Allerdings bedarf es eines professionellen, meist mehrstündigen Aufbaus, um die benötigte Stabilität zu garantieren.

BASARSTAND: MARKE EIGENBAU

Für alle, die häufig an einem Basar teilnehmen, aber auch für Schulen, Jugendgruppen oder politische bzw. gemeinnützige Vereine (Amnesty International, BUND etc.) bietet es sich an, einen transportablen Stand zu bauen, der für viele Zwecke geeignet ist: Er ist nicht nur beim Basar als Verkaufsfläche zu nutzen, sondern kann auch bei einem (Schul)Fest als Imbißstand Verwendung finden oder ermöglicht das Aufstellen von werbeträchtigen Info-Ständen.
Der Eigenbau hat ferner den Vorteil, daß der Stand ganz speziell für die eigenen Bedürfnisse zugeschnitten werden kann: Mit Dach oder ohne Überdachung; mit seitlichen Dekorationsverstrebungen oder kleinen Tischständern zum Präsentieren von kleineren Verkaufsobjekten (Ostereier, Schmuck, Christbaumanhänger...).
Wie baut man aber so einen Stand? Im folgenden wird ein Musterexemplar vorgestellt, das leicht, aber Stabilität gewährleistend nachzuarbeiten ist.

TRANSPORTABLER MARKTSTAND

Material und Hilfsmittel:
Fichte-Doppellatten 40 x 60 mm; Dachlatten 24 x 18 mm; Leisten; verzinkte Schloßschrauben; Hobelmaschine; Holzbohrer 7 und 10 mm Ø; Säge; Wasserwaage; Tacker oder Hammer und Polsternägel; Rolladengurt; Pinsel; Holschutzmittel; Stoff oder Plane für das Sonnendach; Schleifpapier.

Gestaltungsablauf:
Planungsphase: Aufgabe und Verwendungszweck des Standes bestimmen die Kriterien, die er erfüllen muß: Größe, Schutzdach gegen Sonne und Regen, Wetterfestigkeit, Stabilität, Verkaufstisch, Zerlegbarkeit...

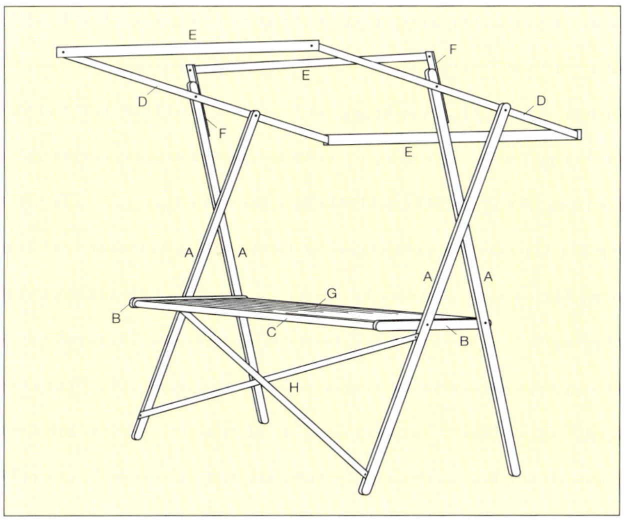

A 4 Stück 200 x 4 x 6
B 2 Stück 80 x 4 x 6
C 2 Stück 200 x 4 x 6
D 2 Stück 200 x 2,4 x 4,8
E 3 Stück 210 x 2,4 x 4,8
F 2 Stück 50 x 2,4 x 4,8
G 55 Stück 100 x 1,8 x 2,8
H 2 Stück 210 x 2,4 x 4,8

10 Stück Schloßschrauben M 8 x 90
8 Stück Schloßschrauben M 6 x 90
3 Stück Schloßschrauben M 6 x 50
4 Stück Fensterladenscharniere
4 m Rolladengurte.

Alle Längenmaße sind in cm angegeben. Zu allen Schrauben werden passende Unterlagscheiben und Flügelmuttern benötigt.

Am besten schaut man sich auf dem Wochenmarkt oder bei anderen Basaren zuvor um, um sich Anregungen zu holen.

Herstellungsphase:
Die Einzelteile sind im Bauplan durch Buchstaben gekennzeichnet. Alle Maße sind in cm angegeben.)
Alle Latten werden etwa aufs Maß abgelängt und allseitig gehobelt. Nun genaues Anreißen der Einzelteile nach Bauplan und Materialliste und ablängen.
Die Teile A und B werden an beiden Enden abgerundet (sägen und raspeln).
Kanten brechen, und Schleifen aller Oberflächen mit grobem und feinem Schleifpapier.
An einem Ende aller Teile A und B wird nun ein Loch (10 mm) gebohrt. Bei den Teilen A ist das das Obere, bei den Teilen B das hintere Ende. Jeweils zwei Seitenteile A so über Kreuz zusammenhalten, daß in der Mitte des Kreuzungspunktes ebenfalls ein Loch gebohrt werden kann. Die Teile gleich mit einer Schloßschraube fixieren. Die Maße für die Bohrungen in den Latten auf beiden Seiten des Standes müssen natürlich identisch sein, sonst wird die ganze Konstruktion schief.
Die Löcher für die Tischauflage B werden auf den Latten A mit der Wasserwaage in Tischhöhe (ca. 70 cm) markiert und dann gebohrt. An den Latten B und C werden die Fensterladenscharniere so angeschraubt, daß die Verbindungslatten C von oben in B eingehängt werden können. Sie bilden zusammen einen rechteckigen Rahmen – die Tischauflage.
B wird nun an der hinteren Latte A befestigt und nach dem Anbringen der vorderen Bohrung dort ebenfalls verschraubt. Die Seitenteile sind somit in ihrer Stellung fixiert. Die Verbindungslatten C werden jetzt eingehängt, die Seitenteile senkrecht gestellt (Wasserwaage) und die Stabilisierungslatten H gebohrt (7 mm) und verschraubt.
Die Höhe und die Form des Standes sind weitgehend variabel. Ausschlaggebend sind allein die Stellen, an denen man die Verbindungslöcher bohrt oder wie weit die Seitenteile gespreizt werden etc.
Die Bohrmaschine muß geübt geführt werden, da die meisten Löcher beim Aufbau freihand gebohrt werden müssen. Durch Bohren, Sägen und Raspeln werden aus

den Teilen F zwei Langlöcher herausgearbeitet.
Die Firstlatte E, die mit dem oberen Ende von F verschraubt wird, läßt sich nun zum Spannen des Sonnendaches nach oben schieben.
Die Latten D und E der Dachkonstruktion werden so angebracht, daß vor und hinter dem Stand genügend Raum überdacht ist.
Nachdem nun die gesamte Konstruktion steht, können die Maße für das Sonnendach genommen werden.
Alle Leisten G für den Tisch werden so ausgelegt, daß ein Rechteck entsteht. Nun werden zwei Streifen (2 m) des Rolladengurtes über alle Leisten gelegt und mit dem Tacker auf jeder Leiste befestigt. Der entstandene Tisch läßt sich einfach zusammenrollen.
Für einen problemlosen Wiederaufbau werden alle Teile des Marktstandes eindeutig gekennzeichnet.

Oberflächenbehandlung:
Um die Forderung nach Wetterfestigkeit zu erfüllen, werden alle Holzteile mit einem Holzschutzmittel imprägniert. Wenn alles trocken und das Sonnendach befestigt ist, kann der Stand zum Einsatz kommen.

Wenn der Basarstand steht, beginnt die Feinarbeit, die individuelle Ausgestaltung und Dekoration, die nicht unwesentlich zur Kauflust der BasarbesucherInnen beiträgt. Er sollte eine Einheit bilden und sich von seinen Nachbarn abheben (s. auch S.10: „Der Gemeindestand“). Er sollte in seiner Dreidimensionlität beachtet werden, im Zusammenspiel von Verkaufsfläche, Hintergrund und Umrahmung. Übersichtlichkeit ist hier gefragt; unordentlich wird der Stand von selbst. Um eine gewisse Übersichtlichkeit zu gewährleisten, ist es ratsam, nicht *zu* unterschiedliche Dinge wie auf einem Trödelmarkt anzubieten, sondern die Auswahl auf ein paar wenige Motive bzw. Materialien zu beschränken.
So bekommt der Stand einen eigenständigen Charakter und wird von BasarbesucherInnen leicht und jederzeit wiedergefunden.

TIP: Der Basarstand sollte zwischendurch immer mal wieder aufgeräumt werden, damit die präsentierten Dinge ihre Wirkung nicht verlieren.

Je nach angebotener Ware kann die Dekorationsgrundfläche ganz unterschiedlich gestaltet werden. Hier ist Mut zur Ungewöhnlichkeit erwünscht. Es brauchen nicht immer Spitzendecken sein, die einen Stand zieren; es kann sich auch um umweltfreundiche Naturmaterialien (Packpapier, Sand, Tannennadeln, Sackleinen) handeln. Samt wirkt edel; Rohleinen oder Holzbretter schaffen hingegen eher eine rustikale Atmosphäre. Das Material sollte lediglich zu den feilgebotenen Dingen passen.
Hübsch sind immer auch hängende Dekorationen:
Sollte der Stand ein Dach oder eine anders geartete Querverstrebung haben, bietet es sich an, einige Verkaufsgegenstände wie Bänder, Ketten, Seidentücher, Topflappen, Weihnachtskugeln oder Ostereier von oben oder von den Seitenpfosten herunterhängen zu lassen.
Befinden sich keine hängenden Objekte unter den Bastelarbeiten, kann man mit floritsichen Gestecken und Gehängen ebenfalls viel Atmosphäre schaffen.
Sollte kein Dach vorhanden sein, kann man die Flächigkeit der Basartischplatte auch mit Aufbauten von unten auflockern: Eine Landschaft aus Ziegel- oder Backsteinen wirkt modern; dasselbe mit Samt oder einem anderen fließenden Stoff überzogen ist eher verspielt.
Eine Holzverstrebung, die an Osterbäumchen erinnern, leisten häufig ebenfalls gute Dienste. Hierzu benötigt man lediglich eine runde oder quadratische Holzleiste (zwischen 50 und 70 cm lang; Ø 6 –8 cm) die man an drei bis vier Stellen mit Löchern durchbohrt, durch die man quer weitere Holzleisten (passend zum Ø der Löcher) stecken kann. Somit erhält man ganz leicht eine großflächige Dekorationsfläche für vor allem kleine Bastelarbeiten wie Freundschaftsbänder und Ketten oder Schlüsselanhänger.
Auch die Frage des Lichts ist für die Atmosphäre am Stand mitverantwortlich. Warmes Licht verbreitet Stimmung; Gemütlichkeit entsteht durch dezente Lichtquellen. Eine mit einem Tuch überhängte Stehlampe, Kerzen (nur in geschlossenen Räumen),

kleine Lichterketten, bunte Birnchen oder ein Spot, der das Augenmerk auf besonders schöne Einzelteile lenkt, setzen Akzente und heben den Stand von anderen ab. Ist der Stand hübsch dekoriert, geht es darum, die zum Verkauf angebotenen Bastel- oder Näharbeiten interessant zu präsentieren.

Fast jedem, in diesem Buch beschriebenen Objekt ist als Hilfestellung neben stehendes Symbol zugeordnet.
In den dazugehörigen Kästen stehen einfache Dekorationsbeispiele für die zahlreichen kreativen Möglichkeiten der ganz besonders schönen Präsentation. Ferner sind den Fotos selbst Dekorationsvorschläge abzuschauen.

Den Charakter einer kleinen Werkstatt erhält ein Basarstand, wenn ein Eckchen abgetrennt wird, an dem die BasarteilnehmerInnen das Entstehen ihrer Bastelarbeit vorführen. Besonders beliebt sind hier Arbeiten, die individuell für die BasarbesucherInnen angefertigt werden können, d.h. in die beispielsweise ihr eigener Name eingearbeitet werden kann. Auf diese Weise kann man am einfachsten einen persönlichen Kontakt herstellen und ins Gespräch kommen.
Damit die BesucherInnen des Basars, die Großen wie die Kleinen, aber nicht nur aufs Schauen und Kaufen eingeschränkt sind, kann ihnen angeboten werden, am Bazartisch direkt oder an separaten, dafür präparierten Tischen mitzubasteln. Solch ein Mitmachbazar schafft noch mehr Miteinander und animiert so machen Unbedarften, sich auch einmal kreativ zu betätigen.

Ein Gruppe Koch- und Backfreudiger sollte sich damit auseinandersetzen, ob und wenn ja, welche Lebensmittel und Getränke angeboten werden sollen. Parallel dazu kann überlegt werden, ob neben den zum direkten Verzehr verkauften Naschereien auch Lebensmittel verkauft werden, die der Basarbesucher mit nach Hause nehmen kann (wie Marmeladen oder Konfekt)

EINIGE AUFLAGEN BEIM UMGANG MIT LEBENSMITTELN:

Beim Verkauf von Lebensmitteln sind auf jeden Fall ein paar Grundregeln zu beachten:

- Sollte es sich um leicht verderbliche frische Lebensmittel handeln, muß sich die Koch- und Backgruppe auch darum kümmern, daß ein Kühlschrank zur Verfügung steht. Zu den leicht verderblichen Lebensmitteln gehören Torten und Kuchen mit nicht durcherhitzten Anteilen, Milch, Milcherzeugnisse, Salate, Dressings sowie belegte Brötchen.
- Bereits beim Erstellen der Lebensmittel ist darauf zu achten, daß nur die frischsten Zutaten Verwendung finden.
- Selbstverständlich ist, daß jede/r Herstellende mit frisch gewaschenen Händen backt und kocht. Ebenso müssen sich die zur Herstellung und Behandlung der Lebensmittel verwendeten Gegenstände in einwandfreiem und sauberem Zustand befinden.
- Es soll nur Mehrweggeschirr verwendet werden.
- Es muß an geeigneter Stelle ein von außen sichtbarer Preisaushang angebracht werden.
- Kein Alkoholausschank an Jugendliche bis 16; kein Brandweinausschank an Jugendliche bis 18.
- Die Verkaufsstände sollten seitlich und rückwärts umschlossen sein.
- Die Lebensmittel müssen durch Abdeckungen geschützt werden, damit sie weder durch Staub noch durch Berühren verunreinigt werden. BazarbesucherInnen sollten mit den Augen, nicht mit den Händen „schauen“!
- Beim Anbieten von Getränken ist es empfehlenswert, die auf dem Etikett der Flasche befindliche Kennzeichnung zu übernehmen; bei Wein ist die Qualitätsstufe (z.B. Landwein, Tafelwein...) anzugeben.
- Nicht verpackte Lebensmittel dürfen nur in Behältern und abgedeckt transportiert werden.

Weitere Informationen über das Lebensmittelgesetz sind bei den Gesundheits- und Umweltministerien sowie in den Gewerbeaufsichtsämtern der Gemeinden und Städte zu erhalten.

AUF LOS GEHT'S LOS:

Auf jedem Basar sollte stets Eß- und Trinkbares angeboten werden: Das schafft gute und gemütliche Atmosphäre und lädt die BesucherInnen zum Verweilen und zum Miteinander ein. Die soziale Komponente sollte nie vernachlässigt werden, ist sie doch bei vielen Basaren treibender Motor für die VeranstalterInnen, Ausrichtende und BesucherInnen.
Basarstände ohne Diskussionen, Feilschen, Handeln, Sich-Austauschen und Plaudern lassen sich im Prinzip nicht denken. Am schönsten läßt es sich verweilen, wenn dabei auch die Gaumenfreuden nicht zu kurz kommen. Bei der Vorbereitung des kulinarischen Teils müssen zunächst die örtlichen Einrichtungen beachtet werden: Gibt es eine Küche, fließend kaltes und warmes Wasser, einen Herd, einen Kühlschrank, Geschirr, Besteck, Servietten...? (Hier ist die Organisationsgruppe gefragt!)
Nach diesen örtlichen Gegebenheiten richtet sich dann auch der Speise- und Getränkezettel (Hier sollte sich die Koch- und Backgruppe mit dem Organisationsteam in Verbindung setzen). Allgemein läßt sich an dieser Stelle nur raten:

- Die Lebensmittel sollten sich am besten ein oder mehrere Tage vor dem Basar vorbereiten lassen.
- Die Lebensmittel sollten – sofern kein Kühlschrank vorhanden ist – relativ unempfindlich und gut haltbar sein.
- Bei der Wahl der Speisen und Getränke sind unbedingt die Kinder zu berücksichtigen. Traditionellerweise werden kühle und warme Getränke angeboten: Limonade, Mineralwasser, Kaffee und Tee gehören zum Standard. Der besondere Akzent auf Weihnachtsbasaren ist Glühwein und dadurch nicht mehr wegzudenken. **Beachte:** Selbst hergestellt mit frischen Gewürzen wie Gewürznelken, Zimtstangen, Orangenschnitzen ... schmeckt er immer noch am besten und ist am verträglichsten (Zucker nach Belieben zufügen). Im Sommer bietet sich das Angebot von Punschs oder (alkoholfreien) Bowlen an. Bei Frühjahrs- und Pfingstbasaren findet die Maibowle viele Freunde, bei der der Weißwein mit Maikraut und ein paar Orangenscheiben verfeinert wird (keinen Cognac oder andere schärfere Alkoholika benutzen, um Kopfschmerz zu vermeiden).

Neben belegten Brötchen und heißen Würstchen eignen sich besonders gut die im folgenden beschriebenen süßen und herzhaften Köstlichkeiten. Sie sind einfach und spätestens am Vortag vorzubereiten und erfreuen sich bei Basaren großer Beliebtheit: Im Frühjahr und Sommer werden gerne Hefezopf und Gugelhupf serviert; im Winter eignen sich Buchteln und warmer Apfelstrudel mit kalter oder warmer Vanillesauce besser. Nicht nur Kindern verschaffen Vanillecremes und Rote Grütze gute Laune; auch Erwachsene naschen gerne einmal diese fruchtigen Leckereien.

HEFEZOPF UND GUGELHUPF

Dieses Hefegebäck eignet sich sowohl zu Tee und Kaffee als auch zu Bier und Wein. Das Backwerk sollte nicht älter als einen Tag sein. Die ausgekühlten Backwaren über Nacht in eine Folie einschlagen. Sowohl die Teiglinge als auch die fertig gebackenen Teige können ohne Qualitätsverlust eingefroren werden. Wenn gefrorene Teiglinge am Vormittag aufgebacken werden, ist es ratsam, am Abend zuvor die Teile noch in gefrorenem Zustand auf ein Backblech zu legen und über Nacht auftauen zu lassen.

Hefeteig-Grundrezept

Zutaten:
1000 g Mehl
125 g Zucker
180 g Butter
15 g Salz
0,5 l Milch
etwas Zitrone und Vanille
70 g Hefe
3 Eigelb

Für den Zopf: 1 Ei verquirlen für den Anstrich, gehobelte Mandeln

Für den Gugelhupf: 2 Backformen Ø 18 cm, 150 g Sultaninen, 70 g Zitronat, 100 g süße Mandeln, 30 g Orangeat, Puderzucker zum Bestäuben

Zubereitung:
Das Mehl in eine Schüssel geben, und eine Mulde bilden. Hefe zerbröckelt in die Mulde geben und mit etwas lauwarmer Milch anrühren. Diesen Vorteig mit etwas Mehl bestäuben und ca. 15 Min. ruhen lassen. Die Butter, schmelzen lassen, und die lauwarme Butter und die restlichen Zutaten an den Teig geben. Den Teig fest durchkneten. Mit einem Küchentuch den Teig bei Raumtemperatur gut 40 Min. ruhen lassen.
Den aufgegangenen Teig nochmals flachdrücken, bevor er weiterverarbeitet wird.

Für den Zopf: Den Teig in zwei Hälften teilen, jede Hälfte ergibt einen Zopf. Dazu wird das Teigstück in 3 gleichgroße Teile geteilt, jeweils eine ca. 80 m lange, gleich dicke Rolle auf der Arbeitsplatte gerollt. Die Teigrollen so nebeneinander legen, daß daraus ein Zopf geflochten werden kann. Er sollte gleichmäßig dick sein. Den Teigzopf auf ein mit Backpapier ausgelegtes Backblech legen, und den Teigling nochmals ruhen lassen, bis er ca. auf doppelte Größe aufgegangen ist. Bevor das Blech in den Ofen kommt, wird der Teig vorsichtig mit einem verquirlten Ei bestrichen und mit gehobelten Mandeln bestreut. Bei 180°C in den vorgeheizten Ofen geben.
Die Backzeit richtet sich nach der Stärke des Backguts. Ist die Kruste goldbraun, den Fertigkeitsgrad mit einem Holzschaschlikspieß testen. Sind am Holz noch Teigrückstände, ist der Hefeteig noch nicht durchgebacken. Ist die Krume dennoch braun, den Zopf mit Backpapier abdecken, um weiteres Bräunen zu verhindern.

Für den Gugelhupf: Die Teigmenge richtet sich nach der Gugelhupf-Backform, sie sollte nicht mehr als 2/3 der Form betragen. Die Backform wird mit Butter ausgestrichen. Den Teig wie oben beschrieben herstellen, die erforderliche Teigmenge abtrennen und zu einer großen Kugel drehen. Schneiden Sie in die Mitte ein Kreuz und geben Sie den Teig in die Form. Die abgedeckte Backform mindestens 20 Min. bei Raumtemperatur ruhen lassen. Auf die unterste Schiene in den Ofen geben. Backdauer siehe Zopf.

Den Gugelhupf nach dem Backen auf ein Kuchengitter stürzen und dort erkalten lassen.

Apfelstrudel

Zutaten:
3 kg Äpfel
200 g Butter
250 g Semmelbrösel
150 g Butter zum Bestreichen des Teiges
300 g Zucker
25 g Zimt
100 g Rosinen
80 g Walnüsse
100 g Butter für Backblech und Schlußanstrich
700 g tiefgefrorener Blätterteig

Anleitung:
Die Äpfel schälen, das Kernhaus entfernen und in ganz dünne Scheiben schneiden oder hobeln (z.B. mit Gurkenhobel). Die Semmelbrösel in der Butter hellbraun rösten und erkalten lassen. Den Blätterteig ganz dünn ausrollen, die Kanten egalisieren, abschneiden, ca. 10 Minuten ruhen lassen, und mit flüssiger lauwarmer Butter leicht bestreichen.
Auf die Hälfte der dünnen Teigplatte die gerösteten Semmelbrösel streuen und die vorbereiteten Äpfel gleichmäßig verteilen. Zimt und Zucker miteinander vermengen und darüberstreuen. Ebenso die grob gehackten Walnüsse und Rosinen. Sind die Äpfel sehr sauer, kann die Zuckermenge etwas erhöht werden. Nun die Teigplatte vorsichtig von der gefüllten Seitenkante aus aufrollen. Auf ein mit Butter bestrichenes Backblech oder Backpapier legen und mit zerlassener Butter bestreichen. Aus den Teigresten ca. 1 cm breite Streifen schneiden und über Kreuz auf den Strudel legen, ebenfalls bestreichen.
Etwa 30 Min bei 200 °C backen. Den noch heißen Strudel mit Puderzucker bestreuen.

Buchteln

Zutaten:
Die Hälfte des Hefeteig-Grundrezepts (s. S.14f).

Anleitung:
Den Hefeteig in ca. 2 cm Ø starke Stangen rollen, ca. 3 cm große Stücke abschneiden und zu Kugeln rollen. Sie werden mit der hohlen Hand glatt und rund gedreht. Die Teigkugeln dicht an dicht in eine mit Butter gefettete Backform legen. Nicht zusammendrücken. Mit einem Tuch abdecken und bei Zimmertemperatur ruhen lassen. Die Hefeteiglinge sollten bis etwa zur doppelten Größe aufgehen. Bei 220 °C in den Ofen geben und ca. 2/3 der Backzeit (s. S. 15f) backen. Die Backformen aus dem Ofen nehmen, die Buchteln mit flüssiger Butter bestreichen, Zucker aufstreuen und fertig backen.

Tip: Vor dem Servieren die Buchteln und den Strudel wenn möglich nochmals leicht erwärmen und mit warmer oder kalter Vanillesoße oder mit Vanille-Speiseeis anrichten.

Wenn Buchteln oder Apfelstrudel mit Vanillesoße angeboten werden, ist es ratsam, die Vanillesoße in einem Topf auf dem Wasserbad warmzuhalten. Die Soße erst vor dem Verkauf auf bzw. an die Speisen geben. So bleibt die Kruste des Backwerks erhalten. Beim Erwärmen in der Mikrowelle das Backwerk nur kurz anwärmen, da sonst der Feuchtigkeitsverlust zu groß ist und die Backwaren beim Auskühlen hart werden.

Vanillesoße

Zutaten:
1 l Milch
40 g Zucker
1/2 Vanilleschote
10 g Speisestärke
1 Eigelb

Anleitung:
6 Eßl. Milch zum Anrühren der Speisestärke und dem Zucker abnehmen. Den Rest mit der Vanilleschote zum Kochen bringen. Die zurückbehaltene Milch mit der Stärke, Zucker und dem Eigelb gut verrühren. Die Vanilleschote aus der Milch nehmen und ausschaben. Unter kräftigem Rühren mit dem Schneebesen die Milch mit der angerührten Stärke binden. Kurz aufkochen lassen und von der Feuerstelle nehmen. Mit Puderzucker bestäuben, damit sich keine Hautschicht bildet.

BAYERISCHE CREME UND ROTE GRÜTZE

Diese Dessertspeisen sollten möglichst kühl angeboten und verzehrt werden. Die Bayrische Creme kann entweder direkt oder portionsweise aus dem Kühlschrank geholt, oder es können einige Gläser vorab vorbereitet werden, die man dekorativ in einer Schale mit zerkleinertem Eis anbieten kann.
Die kalte Rote Grütze läßt sich am hübschesten in Gläsern anrichten und mit Schlagsahne sowie 1-2 Waffelröllchen dekorieren.

Bayerische Creme „Vanille"

Zutaten:
6 Eigelb
120 g Zucker
1/2 l Milch
1 Vanilleschote
7 Blatt Gelatine
1/2 l Sahne

Vorbereitung:
Dieses Dessert kann 1-2 Tage vor dem Verzehr vorbereitet und kühl gelagert werden.

Zubereitung:
Für die Grundcreme wird das Eigelb mit Zucker cremig gerührt. Die Milch wird mit der Vanilleschote aufgekocht. Danach die Schote herausnehmen und ausschaben. Das cremig gerührte Eigelb mit Zucker in die Milch unterrühren, bis es cremig bis zähflüssig wird. In dieser Grundcreme die Gelatine auflösen. Auf Eis oder mit möglichst kaltem Wasser abkühlen. In der Zwischenzeit die Sahne steif schlagen. Beginnt die Creme dickflüssig zu werden, die Schlagsahne unterziehen. In diesem Augenblick ist die Creme kühl genug, um die Festigkeit der Schlagsahne zu erhalten, aber noch weich genug, um in die Förmchen oder Gläser gefüllt zu werden. Die so vorbereitete Cremespeise wird kurz vor dem Servieren gestürzt, und mit etwas Fruchtsoße und Fruchtstücken garniert.

Rote Grütze

Zutaten für ca. 8-10 Personen:
400 g rote Johannisbeeren
300 g schwarze Johannisbeeren
500 g Himbeeren
1/2 l Wasser
120 g Zucker
60 g Speisestärke
1/4 l frischgepreßter Orangensaft
Schlagsahne und Waffelröllchen zum Ausdekorieren.

Zubereitung:
Die Johannisbeeren waschen und von den Stielen zupfen. Die Himbeeren waschen, Orangen entsaften.
250 g rote, 250 g schwarze Johannisbeeren und 250 g Himbeeren mit dem Orangensaft, Wasser und Zucker weichkochen und durch ein Sieb passieren. Diesen Saft nochmals zum Kochen bringen. Die Speisestärke mit

etwas Wasser anrühren, dazugeben, und den kochenden Saft solange kochen, bis die Grütze klar wird. Vom Feuer nehmen, etwas abkühlen lassen, und die ganzen restlichen Beeren einrühren. Die fertige Grütze in eine Schüssel geben und kaltstellen. Bei Bedarf kann noch etwas Rum eingerührt werden.

Fruchtsoße

Zutaten:
100 g rote Johannisbeeren
100 g schwarze Johannisbeeren
100 g Himbeeren
1/4 l Wasser
50 g Zucker
etwas Rum

Zubereitung:
Die Hälfte der gewaschenen und entstielten Früchte mit dem Wasser und Zucker aufkochen, die restlichen Beeren dazugeben, unterrühren und kalt stellen.

KÜMMEL- UND KÄSEGEBÄCK

Dieses Gebäck können Sie schon 3-4 Tage vor dem Verkauf herstellen. Um es nicht nur vor Ort direkt zu verkaufen, füllen Sie einen Teil des ausgekühlten Gebäcks portionsweise in Cellophanbeutel ab. Mit Dekoband zubinden und eventuell mit einem Etikett beschriften.

Zutaten:
600 g tiefgefrorener Blätterteig
2 Eigelb verquirlt
50 g geriebener Emmentaler
1/2 Teel. Salz
1/2 Teel. Paprika
50 g Kümmel

Zubereitung:
Die Blätterteigscheiben trennen und ca. 20-30 Minuten auftauen lassen. Geriebenen Käse, Paprika und etwas Salz mischen. Kümmel mit etwas Salz mischen. Die Teigplatten auf ca. die doppelte Größe ausrollen. Nun kleine Quadrate, Recht- und Dreiecke und kleine Stangen schneiden.
Mit verquirltem Ei bestreichen und Käse- oder Kümmel-Mischung aufstreuen. Auf ein feuchtes, kalt abgespültes Backblech geben, ca. 15 Minuten ruhen lassen. Im vorgeheizten Backofen bei 220 °C auf der mittleren Schiene ca. 15 Min hellgelb backen.

Originelles, Ausgefallenes und Klassisches

fürs

ganze Jahr

Marmeladen und Gelees

Marmeladen und Gelees dürfen auf keinem Basar fehlen!
Sie lassen sich im Sommer vorbereiten, sind lange haltbar und finden seit jeher begeisterte Anhänger von Oma's Küche. Heimische Früchte verwenden, vor allem in der Erntezeit, da sie dann besonders wohlschmeckend und preiswert sind. Die Früchte bald nach der Ernte verarbeiten, und gewaschene und geschnittene Früchte nicht herumstehen lassen. Zur Marmelade- oder Geleeherstellung sollte nur einwandfreies Obst verwendet werden. Beim Einkochen von Fallobst müssen die beschädigten Stellen großflächig entfernt werden.

SCHWIERIGKEITSGRAD
Bei kleinen Koch- und Nähkenntnissen: leicht

ARBEITSZEIT
Marmeladen und Gelees: ca. 30 Minuten, Häubchen: ca. 10 Minuten

HERSTELLUNGSPREIS
Marmeladen und Gelees: mit eigenem Obst und alten Gläsern fast zum Null-Tarif; ansonsten günstiges Obst und Twist-Off-Gläser mit Deckel im Angebot kaufen

ERDBEERMARMELADE UND BROMBEERMARMELADE
Zutaten:
500 g Früchte
500 g Zucker
6 g Pektin
6 g Apfelsäure oder
3 g Zitronensäure

ZUBEREITUNG
Die Früchte waschen, klein schneiden, auswiegen und in den Kochtopf geben. Das Pektin mit ca. 100 g Zucker mischen und unter die Früchte rühren. Die Früchte ca. 5 Minuten köcheln lassen.
Die restlichen Zutaten dazugeben, und den Fruchtmus weitere 5 Minuten köcheln lassen. Die heiße Marmelade in die Gläser füllen, Diese schließen und für 5 Minuten auf den Kopf stellen. So erhitzt sich auch der Deckel und die Keime werden abgetötet. Nach dem Abkühlen die Gläser mit dem Datum der Herstellung versehen!

DEKO-TIP:

Die Gläser mit selbstklebenden Etiketten bekleben, die Sie vorher mit Namen, Inhalt und Ornamenten verziert haben.

QUITTENGELEE
Zutaten:
800 ml Quittensaft
200 ml Apfelsaft aus 100% Früchten
900 g Zucker
12 g Apfelsäure oder
6 g Zitronensäure
15 g Pektin

ZUBEREITUNG
Die Früchte waschen, zerschneiden. Mit der gleichen Menge Wasser die Früchte weichkochen (in einem herkömmlichen Topf ca. 50 Minuten in einem Dampfkochtopf ca. 15 Minuten).
Danach die Früchte mit einem Kartoffelstampfer zerkleinern. Ein Sieb über einen Topf hängen, und dieses mit einem Baumwolltuch oder einer doppelten Baumwollwindel ausschlagen. In dieses Sieb wird nun der Fruchtmus gegeben und durchgesiebt. Die weitere Verarbeitung erfolgt wie bei der Marmeladenherstellung ab: Mischen des Pektins mit Zucker.

JOHANNISBEERGELEE
Zutaten:
400 ml Johannisbeersaft
100 ml Apfelsaft aus 100% Früchten
450 g Zucker
15 g Pektin

ZUBEREITUNG

Nach dem gründlichen Waschen wie bei Quittengelee fortfahren, die Kochzeit ist jedoch wesentlich kürzer. Die Quitten können auch in einem elektrischen Entsafter entsaftet werden.

MARMELADEGLAS-DECKCHEN

MATERIAL

Stoffreste, Spitzenreste, Bänderreste

HILFSMITTEL

Faden; Schere; Nadeln (Nähmaschine); Zackenschere; Stecknadeln

HELLBLAU MIT SPITZEN

Ein 20 cm Ø großes Stück Stoff ringsum mit Zick-Zack-Stich und einer kleinen Spitze knappkantig umnähen.
Mit einem passenden Seidengeschenkband um den Deckel befestigen.

ROTES ERDBEERDECKCHEN

Ein 18 x 18 cm großes Stück Stoff mit der Zick-Zack-Schere schneiden und mit einem Band am Deckel befestigen.

TURBAN

Einen 20 x 30 cm großen Stoffstreifen mit der Zick-Zack-Schere zuschneiden. Die Längskanten 1 cm einschlagen und bügeln. Den Stoffstreifen mit einem Knoten um den Deckel legen und mit einigen Stichen unsichtbar fixieren.

Lustige Topflappen

SCHWIERIGKEITSGRAD
Geringe Nähkenntnisse erforderlich

ARBEITSZEIT
20–25 Minuten

HERSTELLUNGSPREIS
Ca. 1,– bis 1,50 DM

MATERIAL
Stoffreste; Wollreste; Haftvlies; 20x20 cm Pappkarton; Transparentpapier Heftfaden; Schrägband (aus Stoff zuschneiden); Polyesterwatte

HILFSMITTEL
Faden; Nadeln (Nähmaschine); Schere; Stecknadeln; Bleistift; Schneiderkreide

VORLAGEN
S. 104, A 1–A 2

TOPFLAPPEN ERDBEERE UND APFEL

AUSFÜHRUNG
Aus Stoffresten 5 cm breite Streifen schneiden, rechts auf rechts legen und 1 cm von der Kante entfernt zusammennähen.

An ein Ende des Stoffschlauches einen doppelten Faden (Knopflochgarn oder Zwirn) nähen, die Nadel am Faden lassen und den Stoffschlauch wenden, indem die Nadel mit dem Öhr voran durch den Schlauch geschoben wird. Dadurch wird der Stoffschlauch umgestülpt. In diesen Stoffschlauch mit einer dicken Wollnadel mehrere Wollfäden ziehen, um dem Schlauch Volumen zu geben.
Für die Blätter den Stoff mit Haftvlies doppeln, und der Vorlage entsprechend je 2 Blätter ausschneiden.

Den Topflappenschnitt auf Karton übertragen und ausschneiden. Die Stoffstreifen nun in wechselnder Reihenfolge waagrecht (s. Schnitt) auf die Vorlage legen, und die Streifen mit Stecknadeln fixieren. Mit ca. 1 cm Zugabe die Streifen abschneiden. In diese waagerecht liegenden Streifen werden in wechselnder Streifenfolge die senkrechten eingewoben und ebenfalls mit Stecknadeln fixiert. Bevor das somit entstandene Gewebe mit einem Heftfaden mit großzügigen Stichen zusammengefaßt wird, können Farbfolge und Dichte der Streifen korrigiert werden. Die Vorlage vorsichtig herausziehen, auf den Stoff legen, mit Schneiderkreide den Schnitt auf das Gewobene übertragen und mit Zick-Zack-Stich zusammennähen. Den überstehenden Rand knappkantig abschneiden. Mit Schrägband die Kanten beim Fruchtstengel beginnend einfassen. Die Blätter und Aufhängeschlaufe der Vorlage entsprechend mit einigen Stichen von Hand annähen.

BLAUE TOPFLAPPEN
Für einen Topflappen benötigt man einen gemusterten, 10 x 72 cm großen Stoffstreifen und zwei unifarbene, 12 x 72 cm große Stoffstreifen. Die Streifen werden rechts auf rechts gelegt und ca. 1 cm von der Längskante entfernt zusammengenäht.
Die Stoffstreifen jetzt wenden und gleichmäßig locker mit Polyesterwatte ausstopfen.
Die Streifen in je 4 gleichgroße Teile schneiden und wie oben beschrieben fortfahren.

DUFTSÄCKCHEN UND -HERZCHEN

SCHWIERIGKEITSGRAD
Geringe Nähkenntnisse erforderlich

ARBEITSZEIT
Ca. 15 Minuten

HERSTELLUNGSPREIS
Ca. 1,– DM

MATERIAL
Stoffreste; Spitzenreste; Gummiband zum Durchziehen; Faden; Polyesterwatte mit einem Filzstückchen für Duftöl

HILFSMITTEL
Schere; Nadeln (Nähmaschine; Maßband; Sicherheitsnadel

VORLAGEN
S. 104, B 1–B 4

ROTES UND BLAUES DUFTSÄCKCHEN:
Der blaue, 24 x 9 cm große Stoffstreifen wird mit der rechten Stoffseite auf den 24 x 11 cm großen roten Stoffstreifen gelegt und an der Längskante mit 1 cm Abstand zur Kante zusammengenäht. Auseinanderklappen, die Nahtzugabe in den blauen Streifen bügeln. Die Streifen so zusammenklappen, daß Rot auf Rot und Blau auf Blau liegen, dabei liegt die Nahtzugabe des vorherigen Nähgangs außen. Die Längskante zunähen. Diese Längsnaht nun so legen, daß sie sich in der Mitte des Schlauches befindet. Nun ist die rote Seite zuzunähen. Das Säckchen wenden. Die obere (blaue) Kante einmal 1 cm links auf links einschlagen und dann das Ganze weiter nach innen bis zur blauen Ansatznaht einschlagen. Knappkantig absteppen. In 2 cm von der oberen (blauen) Kante entfernt den Durchzug für den Gummi absteppen. Die weiße Spitze wird knappkantig an die obere Kante genäht. Für den Gummi einige Stiche der rückwärtigen Mittelnaht in Höhe des Durchzugs öffnen und den Gummi einziehen.

Das blaue Säckchen wie das rote arbeiten, dabei die Spitze zwischen den eingeschlagenen roten Stoffstreifen legen und beim Annähen mitfassen.

DEKO-TIP:

entweder rustikal mit Naturkräutern und -blüten oder zarter auf Großmutters feiner Spitzendecke dekorieren.

DUFTSÄCKCHEN HERZ
Die Vorlagen auf Papier übertragen und mit 1 cm Nahtzugabe zuschneiden. Die Längskanten an den Umbruchlinien links auf links einschlagen. Die zwei Hälften rechts auf rechts auf das ganze Herzteil legen und ringsum mit einem Zentimeter Abstand zur Kante zusammennähen. Nahtzugabe bis zur Stepplinie einschneiden und wenden. Gut ausbügeln, die Spitze an einer Kante einreihen und knappkantig mit leicht eingestelltem Zick-Zack-Stich ringsum annähen. Aus Baumwollgarn eine 40 cm lange Kordel drehen und als Aufhänger annähen. Von der rückwärtigen Mitte aus füllen und mit einigen Stichen von Hand zusammennähen.

Pinguine voll in Fahrt

Schwierigkeitsgrad

Für die Anfertigung der Schablonen benötigt man eine ruhige Hand; das Aufmalen der Pinguine mit Hilfe der Schablonen ist sehr einfach

Arbeitszeit

1/2–1 Stunde ohne Schablonenherstellung

Herstellungspreis

Rucksack: ca. 7,– DM; Tasche ca. 1,50 DM; Topflappen ca. 4,– DM

Material

Rucksack und Tasche: Rohweiß, 100 % Baumwolle; Topflappen: Weiß, 100 % Baumwolle; Folie (z.B. von alten Einsteckhüllen); Stoffmalfarben: Schwarz, Rotorange, Türkis, Silber

Hilfsmittel

Cutter; kleine, gebogene Schere; Klebeband; Schablonenpinsel; Bügeleisen; Schwamm; schnittfeste Unterlage

Vorlagen

S. 104, C 1–C 3

Ausführung

Mit nur drei einzelnen Schablonen von Pinguinen lassen sich immer neue Bilder zusammenstellen: Die Vorlage eines jeden Pinguins mit zwei Stücken Klebeband auf einem dicken Karton als Unterlage fixieren, ein Stück Folie darüberlegen und im Randbereich festkleben. Dadurch kann nichts verrutschen, wenn man die einzelnen Teile des Pinguins mit einem Cutter herausschneidet. Rundungen gelingen am besten, wenn man beim Ausschneiden die ganze Unterlage mit dem Motiv dreht. Vorsicht! Die dünnen Stege zwischen den einzelnen, auszuschneidenden Teilen dürfen nicht durchtrennt werden.
Die Schablonen nacheinander beliebig auf den zu bemalenden Taschen oder anderen Werkstücken mit zwei Streifen Klebeband fixieren, wenig unverdünnte Stoffmalfarbe mit einem Schablonenpinsel aufnehmen und die Aussparungen senkrecht von oben betupfen. Wenn zuviel verdünnte Farbe aufgenommen wird, kann es passieren, daß sie unter den Folienrand fließt. Wer den Farben ein wenig Glanz verleihen will, fügt jedem Farbton etwas Silber hinzu.
Die Schablonen ab und zu in ein flaches Wasserbecken legen und mit einem weichen Schwamm senkrecht betupfen, bis sich alle Farbreste lösen, anschließend auf ein ausgebreitetes Tuch legen und abtrocknen. Wenn man beim Waschen und Abtrocknen darauf achtet, daß die dünnen Stege nicht geknickt werden, ist die Schablone nahezu unbegrenzt haltbar.
Man kann sie auch wenden und damit den Pinguinen eine andere Blickrichtung geben. Die Schablone kann auch beliebig gedreht werden: Bei den schwimmenden Pinguinen auf dem Rucksack wurde nur eine Schablone verwendet.
Aus Restfolien oder Karton beliebige Schablonen für die Wellen oder Schneeberge ausschneiden und diese mit einem Gemisch aus Türkis und Silber auftupfen; die Farbe jeweils nach unten sanft auslaufen lassen. Dies gelingt dadurch, daß der Pinsel kaum mehr Farbe enthält und an den Stoff abgibt. Wer den Pinguinen einen perlmuttartigen Glanz verleihen will, kann dem Schwarz und Rotorange immer ein wenig Silber hinzufügen.

GRUSSKARTEN AUS STOFF

SCHWIERIGKEITSGRAD
Einfache Bastelarbeit

ARBEITSZEIT
Ca. 15 Minuten

HERSTELLUNGSPREIS
Ca. 0,50 bis 1,50 DM (Passepartout können sehr unterschiedlich im Preis sein.)

MATERIAL
Stoffreste; Passepartoutkarten; Haftvlies; Volumenvlies

HILFSMITTEL
Schere; Bügeleisen; Bleistift; Stecknadeln; Karton

AUSFÜHRUNG
Das beidseitig klebende Haftvlies wird sowohl zwischen die Stoffe als auch als rückwärtiger Verbindungskleber zwischen Motiv und Abdeckung verwendet. Haftvlies ist eine beidseitig klebende, auf ein Papier aufgezogene Haftmasse.
Das Vlies wird auf den Stoff gelegt (Papierseite zeigt nach oben) und mit dem Bügeleisen auf den Stoff kaschiert. Das Papier wird abgezogen, das zu verbindende Material aufgelegt und nochmals gebügelt. Den Passpartoutausschnitt auf einen Pappkarton übertragen. Die Stoffreste bügeln und unterschiedliche Streifen zuschneiden. Die Streifen werden längs gefaltet und auf einer Seite mit einem Vliesstreifen kaschiert. Die Streifen mit Hilfe von Stecknadeln auf den Pappkarton so fixieren, daß die Stoffbruchkanten sichtbar liegen und die Schnittkanten nicht sichtbar sind.
Das Motiv sollte etwas größer als der Ausschnitt gearbeitet werden. Mit Hilfe des kaschierten Vlieses werden die Stoffteile durch Bügeln miteinander verbunden. Als Abschluß auf die gesamte Stoffrückseite und um den Passpartoutausschnitt Vlies kaschieren. Das Motiv zwischen Ausschnitt und Kartenabdeckung legen, bügeln. Mit dieser Technik lassen sich die unterschiedlichsten und individuellsten Grußkarten aus Stoffresten gestalten. Einzelne Stoffmotive (im Foto die Blumen) kommen mit aufbügelbarem Volumenvlies unterlegt besonders plastisch zur Geltung.

DEKO-TIP:

Karten einzeln verpacken; in ein mit Stoff bezogenes Kästchen stellen oder auf dem Basarstand fächerartig ausbreiten.

PFIFFIGE KARTEN AUS WELLPAPPE

MATERIAL
Briefkarten: Weiß, DIN A6, hochdoppelt; Bastelfarben: Metallicfarben: Gold, Lila, Grün; Mattfarben: Dunkelgrün, Schwarz; Decorlack aus der Tube: Schwarz, Weiß; Wellpappe: feinwellig, Braun; Japanpapier: Blau, Grau, Weiß, gelb; Fotokarton: Braun, Weiß, Rot; Plüsch: Weiß; Filzstift: Schwarz; Wollrest: Hellblau; Schreibmaschinenpapier

HILFSMITTEL
kleine und große Scheren; Cutter; Nähnadel; Klebestift; Pinsel

VORLAGEN
S.104, D1–D5

SCHWIERIGKEITSGRAD
Mit guten, kleinen und eventuell gebogenen Scheren oder Cuttern einfach

ARBEITSZEIT
Zwischen 10 und 30 Minuten pro Karte

HERSTELLUNGSPREIS
Ca. 0,40 DM

AUSFÜHRUNG
Abschnitte einer feinwelligen Wellpappe mit Gold, Blau, einem Gemisch aus Blau und etwas Lila, Grün, dunkelgrüner und schwarzer Mattfarbe bemalen. Nach dem Trocknen der Farben die Teile für die Motive ausschneiden.
Jede weiße Karte mit einem Rechteck aus Japanpapier bekleben, und das Motiv aufkleben.
Flotte Sprüche mit eigener Handschrift direkt auf die Karte oder mit Schreibmaschine oder Computer auf Schreibmaschinenpapier schreiben, und die ausgeschnittenen Satzbruchstücke aufkleben. Augen und Nasen aller Tiere sowie die Stacheln des Igels mit schwarzem Decorlack aus der Tube auftupfen. Beim Auge des Pinguins und der Raupe zuerst weißen Decorlack aufmalen und nach einer kurzen Trocknungszeit eine kleinere schwarze Pupille auftupfen.

EINZELBESCHREIBUNGEN DER KARTEN

HASE: Ein blaues Rechteck aus Japanpapier aufkleben. Kopf und Körper des Hasen aus braunem Fotokarton mit Ohren und Beinen aus goldfarbener Wellpappe bekleben.
Möglicher Spruch: Ich bin total geknickt, weil...

WAL: Ein Rechteck aus blauem Japanpapier mit einem aus Wellpappe ausgeschnittenen Wal bekleben. Die Wellpappe für den Walkörper wird mit einem Gemisch aus Blau und Lila bemalt, die Flosse und Wasserfontäne mit Blau.
Möglicher Spruch: Wann tauchst Du wieder einmal bei mir auf?

GEBURTSTAGS-RAUPE: Ein Rechteck aus gelbem Japanpapier aufkleben. Aus dem aus dunkelgrün bemalter Wellpappe ausgeschnittenen Blatt mit einem Cutter oder einer kleinen spitzen Schere den Buchstaben H ausschneiden, der in der oberen Hälfte der Karte aufgeklebt wird.

DEKO-TIP:

Am besten in Plastikhüllen einpacken, damit die Karten nicht durch häufiges Anfassen verschmutzt werden. In ein Kästchen zum Durchblättern stellen oder bei genügend Platz auf dem Verkaufstisch auslegen.

Über dem Rechteck die blau-grün bemalte Raupe befestigen. Fühler und Beine mit einem schwarzem Filzstift aufzeichnen und je nach Belieben mit einem Tupfen aus schwarzem Decorlack abschließen.

PINGUIN: Ein Rechteck aus grauem Japanpapier aufkleben, und einen kleinen Hügel aus weißem Japanpapier befestigen. Schnabel und Füße aus rotem Fotokarton, das Brustteil aus weißem Plüsch sowie Körper und Flügel aus schwarzer Wellpappe ausschneiden und aufkleben.
Möglicher Spruch: Wann kommst Du endlich? Es ist so kalt hier.

MAUS: Ein Rechteck aus blauem Japanpapier ausschneiden und am unteren Rand einen Wollfaden befestigen. Nase und Füße aus schwarzer, den Körper und das Innenteil der Ohren aus goldfarbener und die äußeren Teile für die Ohren aus blauer Wellpappe ausschneiden. Die Maus so aufkleben, daß sie scheinbar auf dem Seil balanciert. Ein aus drei Wollfäden geflochtenes Schwänzchen am oberen Rand des Rechtecks durch die Karte ziehen.
Möglicher Spruch: Für Dich tu ich alles, sogar...

SCHWIERIGKEITSGRAD

Das Marmorieren der Seide ist einfach; ebenso das Hinterkleben der Karten.

ARBEITSZEIT

Marmorieren der Seide ca. 15–30 Minuten pro Seidentuch; pro Karte 5–10 Minuten

HERSTELLUNGSPREIS

Blanko-Karten ca. 0,50 pro Stück Verdicker und Marmorierfarben: je ca. 6,– DM

ZUBEREITUNG DES MARMORIERGRUNDES

Wie auf der Packung angegeben, wird ein gut gehäufter Teelöffel des Verdickers in einen Liter kaltes Wasser eingerührt. Die Mischung bleibt mindestens eine Stunde stehen und wird dann 1 bis 2 cm hoch in die Marmorierwanne geschüttet. Mit jedem Tauchvorgang der Seide in das Marmorierbad sinkt der Spiegel des Grundes. Sie können dann einfach von der Mischung nachgießen.

Mitte der ersten Farbe getropft (Pipette nicht eintauchen!) und schiebt diese weiter auseinander.
Den Vorgang können Sie mit ein oder zwei weiteren Farben wiederholen.
Die Farben mischen sich im Mamorierbad nicht.
Mischfarben erhält man durch Zusammenschütten der Farben vor dem Darauftropfen in einem separaten Gefäß.
Die zuletzt getropfte Farbe ist vorherrschend, da sie die vorigen auseinanderschiebt.

KARTEN AUS SEIDE

MATERIAL

Seidenstücke Pongé 08; Marmorierfarben; 1 Kunststoff-Wanne, die etwas größer ist als der zu dekorierende Gegenstand; Schaschlik-Spieße; 1 alter breitgezackter Kamm (aus einer Holzleiste oder einem dicken Karton und Stahlnägeln können Sie selbst Kämme in verschiedenen Feinheiten herstellen).

HILFSMITTEL

Rührschüssel; 1Schneebesen; alte Zeitungen; Pipette

DAS MARMORIEREN

Mit der Pipette die erste Marmorierfarbe auf den Marmoriergrund tropfen. Die Farbtropfen laufen kreisförmig auseinander. Die zweite Farbe wird in die

DEKO-TIP:

Karten einzeln verpacken; in einem mit Seidentüchern eingeschlagenen Kästchen präsentieren oder wie einen Fächer ausbreiten. Am besten mit weiteren Seidenobjekten zusammen dekorieren.

Das Muster wird jetzt „verzogen“: Vorsichtig, damit sich keine Luftblasen bilden, ziehen Sie mit dem Stab zick-zack oder nach Belieben Muster durch die auf dem Marmoriergrund schwimmende Farbe. Sie können auch ein Muster „kämmen“. Auf das fertig gezogene Muster wird nun vorsichtig der glatte ggf. vorher gebügelte Stoff oder das entsprechende Seidenteil gelegt, aber nicht untergetaucht! Ca. 10 bis 20 Sekunden soll es so die Farbpigmente aufsaugen. Dann wieder hochnehmen, unter fließendem Wasser abspülenum überschüssige Restfarbe zu entfernen.

Zum Trocknen wird der Stoff nun mit dem Muster nach oben glatt auf alte Zeitungen gelegt. Nach dem Trocknen werden die Teile mittels Bügeleisen bei Baumwolleinstellung ca. 2 Minuten lang fixiert. Dadurch werden die Farben dann waschfest bis 60°C .

WEITERVERARBEITUNG ZU KARTEN

Nach dem Fixieren können Sie die marmorierten Seidenstücke zu edlen Passepartout-Karten weiterverarbeiten. Die Seide wird ca. 0,5–1 cm größer als der Karten-Ausschnitt zugeschnitten und am besten mit einer doppelseitigen Klebefolie aus dem Heimwerkermarkt oder Bastelgeschäft aufgezogen. Derart stabilisiert wird das Seidenteil hinter den Kartenausschnitt gelegt und mit dem Gegenblatt abgedeckt. Zum Festkleben benutzt man am besten einen Klebestift.

SCHWIERIGKEITSGRAD

Das Marmorieren der Seide und der Eier oder Kugeln ist ganz einfach

ARBEITSZEIT

pro Ei 5–10 Minuten ; Eierwärmer, Servietten und Serviettenringe sowie Seidenschals sind innerhalb von etwa 15 Minuten marmoriert; das Trocknen und Fixieren dauert dann noch seine Zeit.

HERSTELLUNGSPREIS

Plastikeier und -kugeln sowie Servietten und Eierwärmer ca. 0,50 DM bis 1,– DM

Aus den marmorierten und fixierten (s. Herstellerangaben auf der Marmorierfarbe) Seidentüchern Bänder in der Größe von ca. 20 cm Breite x der Länge des Ostertisches oder der Tischdecke schneiden und handroulieren. Diese Bänder diagonal oder längs über den Tisch legen.
Zu der österlichen Tischdekoration gehören auch noch Serviettenringe und Servietten sowie Eierwärmer, die im selben Marmoriervorgang hergestellt werden können, wie die Seidentücher.

AUSFÜHRUNG

Einen Schaschlick-Spieß in die Farbe eintauchen, und wenig Farbe in den mit Wasser gefüllten Behälter tauchen (nur soviel Wasser einfüllen, daß beim Tauchvorgang nichts rausläuft!). Schöne Muster entstehen bei der Verwendung von 3–4 verschiedenen zusammenpassenden Farben, die nacheinander planlos eingetropft und mit einem Holz-Spieß „verzogen“ werden. Das aufgespießte Ei wird einfach gegen den Wasserdruck schnell untergetaucht oder beim Tauchen zusätzlich gedreht. Die Farbe bleibt am Ei haften und wird

MARMORIERTE TISCHDEKORATIONEN

MATERIAL

Seidenstücke Pongé 08; Marmorierfarben; 1 Kunststoff-Wanne, die etwas größer ist als der zu dekorierende Gegenstand; Schaschlik-Spieße; 1 alter breitgezackter Kamm (aus einer Holzleiste oder einem dicken Karton und Stahlnägeln können Sie selbst Kämme in verschiedenen Feinheiten herstellen)

HILFSMITTEL

Rührschüssel; 1 Schneebesen; alte Zeitungen; Pipette

MARMORIEREN VON EIERN ODER BLUMENKUGELN AUS POLYSTYROL

MATERIAL

Plastikeier oder -kugeln ; Schaschlick-Spieße oder Rundstäbe zum Draufstecken und Tauchen; Kaltkeramic-Lack-Farben aus dem Bastelgeschäft;
1 alte Dose oder einen ausreichend großen Becher mit kaltem Wasser; altes Zeitungspapier; Blumentopf oder Ziegelstein zum Reinstecken und Trocknenlassen der marmorierten Teile.

zum Trocknen, am besten über Nacht, in einen mit Sand oder Erde gefüllten Blumentopf der Ziegelstein gesteckt.
Für eine Blumenkugel mit größerem Durchmesser braucht man einen entsprechend größeren Wasserbehälter.

Die marmorierten Eier oder Kugeln können nach dem Trocknen beliebig mit Bändern u. a. geschmückt werden.
Im Fachhandel sind auch passende Aufhänger erhältlich. So entstehen vielseitige, immer wieder anders aussehende Festtagsdekorationen.

Lesezeichen mit Seidenfenster

SCHWIERIGKEITSGRAD

Für leicht erfahrene Hobby-Seidenmalerinnen nicht schwer

ARBEITSZEIT

Für das Färben der Seide: ca. 10 Minuten (+ Trockenzeit); für die Lesezeichen: höchstens 10–15 Minuten pro Stück (eignet sich zur „Massenproduktion“)

HERSTELLUNGSPREIS

Sofern eine Seidenmalgrundausstattung vorhanden, besonders günstig bei Anfertigung von größerer Stückzahl.

AUSFÜHRUNG

Seide auf den Rahmen spannen und harmonierende Seidenmalfarben auftragen. Gleich darauf das Effektsalz aufbringen. Trocknen lassen. Erst dann das Salz entfernen.
Die Lesezeichen nach den Vorlagen auf Fotokarton übertragen und doppelt ausschneiden, an der gekennzeichneten Stelle mit einem Falzbeil einritzen und umknicken. Nun mit einer spitzen Schere oder einem Cutter das Sichtfenster herausschneiden. Schöne Farbausschnitte auf der bemalten Seide suchen und gegebenenfalls noch mit aufbügelbarer Goldfolie oder Glitterfarbe verzieren. Seide nun etwas größer als das Sichtfenster des Lesezeichens zurechtschneiden, am Rand vorsichtig mit Klebstoff bestreichen und zwischen die beiden Teile des Fotokartons kleben. Am besten unter einem schweren Buch gut trocknen lassen.
An der gekennzeichneten Stelle mit dem Bürolocher ein Loch ausstanzen und die etwa 30 cm langen, farblich passenden Wollfäden anknoten.

MATERIAL

Seide; Seidenmalfarben; Seidenmalpinsel; Effektsalz; Goldfolie zum Aufbügeln; Glitterfarbe zum Aufmalen; Fotokarton in verschiedenen Farben; Wollreste in passenden Farben

HILFSMITTEL

Schere; Klebstoff; Bürolocher; Falzbeil

VORLAGEN

S. 104, E 1–E 3

SCHWIERIGKEITSGRAD

einfach, kann sowohl von Kindern ab ca. 6 Jahre als auch von älteren Leuten schnell und einfach durchgeführt werden.

SCHMUCK AUS MARMORIERTER SEIDE

ARBEITSZEIT

Marmorieren der Seide ca. 15–30 Minuten pro Seidentuch (ohne Vorbereitungs- und Trockenzeit); Ausziehen der Schmuckteile: wenige Minuten

HERSTELLUNGSPREIS

Schmuckteile für Broschen: ca. 3,50 bis 12,– DM
Verdicker und Marmorierfarben: je ca. 6,– DM
Seidenreste: Schauen Sie doch einfach in Ihrem Schrank nach!

Hilfsmittel und Anleitung: s.S.34/35 (Karten aus Seide)

DEKO-TIP:

Rückwand oder Pinnwand zum Anstecken der Nadeln und Ohrringe sowie Krawattenhalter

VERARBEITUNG ZU SCHMUCKTEILEN

Nach dem Fixieren können die marmorierten Seidenstücke zu edlen Schmuckteilen, z. B. Broschen, Krawattenhalter oder Ohr-Anhänger, weiterverarbeitet werden. Die Seide wird ca. 0,5–1 cm größer als das Schmuckteil zugeschnitten und am besten mit einer doppelseiteigen Klebefolie aus dem Heimwerkermarkt oder Bastelgeschäft aufgezogen und auf die in der Mitte liegende Metallplatte des Schmuckteils aufgezogen und festgeklebt.
Die überstehende Seide wird nach hinten umgeknickt und von der Deckplatte mit der Anstecknadel verdeckt.
Die Metallplatte mit der Seide liegt im Rahmen des Schmuckteils. Die Deckplatte wird von hinten draufgesetzt.
Die kleinen Zacken am Rahmen werden nach hinten umgebogen und halten das Schmuckteil zusammen.

SCHWIERIGKEITSGRAD

Einfach in der Herstellung; genaues Beachten des Knüpfplans ist erforderlich

ARBEITSZEIT

Ca. 1 Stunde pro Schmuckstück

HERSTELLUNGSPREIS

Ca. 3,– DM pro Band; ca. 4,– DM pro Kette

AUSFÜHRUNG

Für die Anfertigung dieses Schmucks müssen nur zwei verschiedene Knoten beherrscht werden: der rechts- und linksgeknüpfte Knoten.

RECHTSGEKNÜPFTER KNOTEN

Der rechte Faden F2 wird stramm nach unten gezogen. Mit dem linken Faden F1 eine Schlinge nach rechts über den Ziehfaden F2 legen und zu einem Knoten fest nach oben ziehen. Erneut mit F1 über den Ziehfaden F2 eine Schlinge nach rechts legen und zu einem Knoten nach oben ziehen.

zu einem Knoten fest nach oben ziehen. Erneut mit F2 über den Ziehfaden eine Schlinge nach links legen und diese zu einem Knoten nach oben ziehen. Der nach vorne sichtbare Knoten hat die Farbe des Knüpffadens F2. Die Position der Fäden hat gewechselt: F2 liegt nun links.

Linksgeknüpfter Knoten

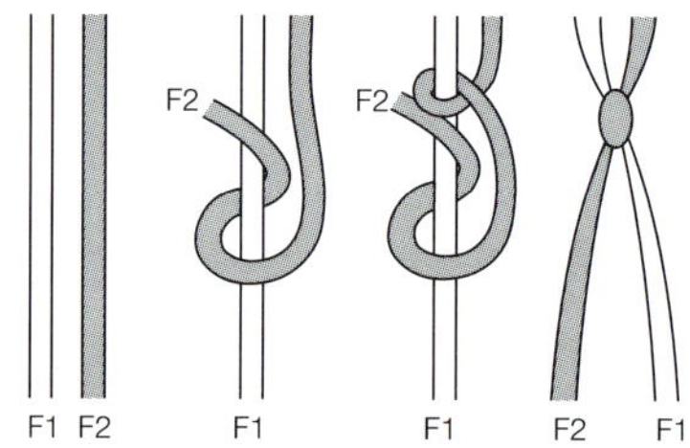

FREUNDSCHAFTSBÄNDER UND KETTE

MATERIAL

Lederriemchen: 1m lang, Ø ca. 1 mm, schwarz; Perlgarn Nr. 5: Schwarz 403; Grün 187, Hellgrau 397, Dunkelblau 134, Königsblau 410, Hellblau 433; Keramik-Perle: Ø 12 mm, Loch Ø 3 mm; Onyx: rund, Ø 15 mm, Loch Ø 4 mm; flache Keramik-Perle: 17 mm Ø, Loch Ø 4 mm

HILFSMITTEL

Sicherheitsnadel

Der nach vorne sichtbare Knoten hat die Farbe des Knüpffadens F1. Die Position der Fäden hat gewechselt: F1 liegt nun rechts.

Rechtsgeknüpfter Knoten

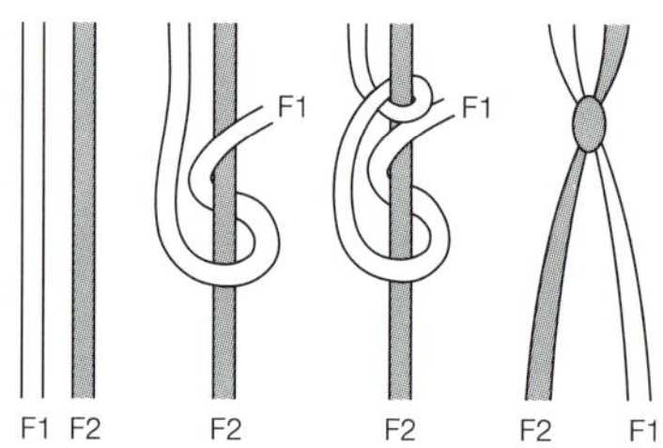

LINKSGEKNÜPFTER KNOTEN

Der linke Faden F1 wird stramm nach unten gezogen. Mit dem rechten Faden eine Schlinge nach links über den Ziehfaden F1 legen und

Durch die Art, wie diese beiden Knoten nacheinander geknüpft werden, ergibt sich automatisch das sogenannte „ Pfeilspitzen"-Muster:
Die Anzahl der Fäden ist immer gerade, die Anordnung der Fäden von links und rechts her gesehen gleich, allerdings spiegelverkehrt, z.B. dunkelblau, dunkelblau, königsblau, königsblau, hellblau, hellblau, königsblau, königsblau, dunkelblau, dunkelblau (= Freundschaftsband mit Keramik-Perle). Bei der Pfeilspitze werden die Knoten jeweils von links und rechts nach innen geknüpft, z.B. mit dem linken dunkelblauen Faden wer-

den vier rechtsgeknüpfte Knoten über den zweiten dunkelblauen, die zwei königsblauen und über einen hellblauen Faden gelegt; mit dem rechten dunkelblauen Faden werden ebenfalls vier, aber links geknüpfte Knoten gelegt. Die beiden in der Mitte aufeinandertreffenden dunkelblauen Fäden werden mit einem rechtsgeknüpften Knoten miteinander verbunden. Es ist nun eine dunkelblaue Reihe in Form einer Pfeilspitze entstanden. Die nächste Reihe wird, wie schon die erste, jeweils mit den äußeren Fäden nach innen geknüpft, wo diese beiden Knüpffäden dann wieder zur Pfeilspitze verknotet werden. Auf jeder Seite des in der Mitte des Freundschaftsbandes eingeknüpften Schmuckelementes müssen 17 Reihen geknüpft werden.

Das Bändchen kann auf beiden Seiten mit einem kleinen Zopf oder zwei Kordeln abgeschlossen werden. Die Hälfte der Fäden teilen Sie in zwei Stränge, beim Freundschaftsband in zwei und drei Fäden, die Sie zunächst getrennt nach rechts eindrehen, um dann beide noch miteinander zu verdrehen. Bei der zweiten Hälfte der Fäden werden diese Arbeitsschritte wiederholt. Kordeln und Zopf werden mit einem Knoten abgeschlossen.

Bevor man mit dem Knüpfen beginnen kann, müssen die Fäden mit dem Lederbändchen oder den Schmucksteinen verbunden werden:
Für die Freundschaftsbändchen jeweils einen 90 cm langen Faden durch das Loch der Perle oder des Halbedelsteins ziehen und in der Mitte des Fadens mit einem rechtsgeknüpften Knoten an der Perle befestigen. Insgesamt werden fünf Fäden auf diese Weise an dem Schmuckstein verknotet; daraus ergeben sich 10 Fäden, mit denen anschließend 17 Reihen geknüpft werden. Zum Knüpfen muß der Schmuckstein unverrückbar mit Hilfe einer Sicherheitsnadel an der Hose oder einer Stuhllehne festgehalten werden. Nur dann kann man den jeweiligen Ziehfaden stramm nach unten ziehen. Auf der gegenüberliegenden Seite des Schmucksteins werden ebenfalls fünf je 90 cm lange Fäden verknotet und anschließend verknüpft.
Für die Kette werden sieben 50 cm lange Fäden mit rechtsgeknüpften Knoten in ihrer Mitte am Lederband befestigt; daraus ergeben sich 14 Fäden zum Knüpfen. Nach 8 Reihen im Pfeilspitzen-Muster werden sie unter Drehbewegungen durch das Loch in der Perle geführt, darunter verknotet und nach ca. 1 cm abgeschnitten.

Die Reihenfolge der verknüpften Fäden:
Freundschaftsband mit Keramik-Perle: Dunkelblau, Königsblau, Hellblau, Königsblau, Dunkelblau
Freundschaftsband mit Onyx: Schwarz, Grün, Hellgrau, Grün, Schwarz
Kette: Schwarz, Dunkelblau, Königsblau, Hellblau, Königsblau, Dunkelblau, Schwarz

SCHWIERIGKEITSGRAD

Das Ausschneiden muß sorgfältig durchgeführt werden. Das Auf- und Zusammenkleben ist ganz einfach.

ARBEITSZEIT

Pro Objekt 8–10 Minuten

HERSTELLUNGSPREIS

1 Bogen Moosgummi ca. 1,60 DM (bitte nur nicht riechenden Moosgummi kaufen!); Broschierung ca. 0,50 DM; Ohrstecker ca. 0,30 DM

MOOSGUMMIANSTECKER UND -OHRRINGE

MATERIAL

Moosgummi Stärke 2 mm in verschiedenen Farben; Broschierung oder Ohrstecker; Filzstifte in Schwarz und Orange; Pailletten; Metallfolienreste; Silberdraht

HILFSMITTEL

Rundzange; Stift; Schere; Kohlepapier; spitze, lange Nadel; Klebstoff

VORLAGEN

S.104, H1–H8

AUSFÜHRUNG

Die Vorlagen mit Hilfe von Kohlepapier und einem Stift auf Moosgummi übertragen, bei höherer Stückzahl eine Schablone fertigen und mit einer langen, spitzen Nadel umfahren – so entstehen keine Stiftspuren, und die Fertigung geht schneller.
Alle Teile mit einer Schere ausschneiden, mit Klebstoff zusammenfügen und dann unter einem Buch trocknen lassen.

Die Kinderanstecker Katze, Delphin, Dinosaurier und Gespenst mit schwarzem, Pinguin mit orangefarbenem Filzstift verzieren. Der Eule werden als Augen zwei große, goldene Pailletten aufgeklebt. Auf der Rückseite der Broschen die Nadeln festkleben.

Die Ohrstecker können mit Metallfolienresten verziert werden – siehe dazu den schwarzen Ohrring mit roter Metallfolie in der Bildmitte.
Die Ohrklips werden direkt oder mit einem Silberdrahtsteg am Moosgummi befestigt. Die Silberdrahtstege sind im Handel erhältlich, können aber auch leicht mit einer Rundzange gebogen werden.

S.104, H1–H8

SCHWIERIGKEITSGRAD

Einfach in der Herstellung

ARBEITSZEIT

Ca. 1 Stunde pro Bild

HERSTELLUNGSPREIS

Ca. 5,– DM für alle vier Bilder

AUSFÜHRUNG

Das mit Bleistift auf Transparrentpapier übertragene Motiv des Baumes verkehrt auf den Moosgummi legen und mit leichtem Fingerdruck die Bleistiftspuren übertragen. Den Frühlings- und Sommerbaum aus hellbraunem, den Herbstbaum aus dunkelbraunem und den Winterbaum aus weißem Moosgummi mit einer kleinen Schere oder einem Cutter auf einer schnittfesten Unterlage ausschnciden.
Die Blüten aus weißem, 1 mm starkem Moosgummi ausschneiden. Das gelbe Innere der Blüten mit einem Locher aus Moosgummi ausstanzen und aufkleben.
Blätter für den Sommer- und Herbstbaum aus grünem und hellgrünem bzw. rotem und gelbem Moosgummi ausschneiden und an den Ästen und im Bereich der Wurzeln aufkleben.
Für den Winterbaum Raben aus schwarzem Moosgummi ausschneiden und mit rotem Schnabel und roten Füßen bekleben.
Mit Decorlack weiße Tupfen für die Augen aufsetzen und nachdem diese trocken sind, schwarze Pupillen auftupfen.

JAHRESZEITENBÄUME

MATERIAL

Moosgummi, Stärke 2 mm: Hellbraun, Dunkelbraun, Weiß, Grün; Moosgummi 1 mm: Weiß, Gelb, Hellgrün, Rot, Schwarz; Decorlack: Weiß, Schwarz

HILFSMITTEL

Klebstoff; kleine gebogene Schere oder Cutter; Bleistift; Transparentpapier; Locher

VORLAGEN

S.104, F 1–F 4

SCHWIERIGKEITSGRAD
Für geübte Leute mit Nähkenntnissen; das Aufmalen der Köpfe nach der Vorlage ist für alle nachvollziehbar

ARBEITSZEIT
Relativ zeitaufwendig; je nach Übung: 3–5 Stunden

HERSTELLUNGSPREIS
Pro Wandbehang ca. 9,– DM

AUSFÜHRUNG
Beiden Wandbehängen liegt die gleiche Form aus doppellagigem Baumwollköper zugrunde. Der Stoff sollte vor dem Zusammennähen gewaschen werden.
Die Form unter Zugabe eines Nahtstreifens von ca. 1 cm zweifach ausschneiden, und beide Lagen bis auf eine Öffnung am unteren Rand zusammennähen. Anschließend die Form wenden und die Öffnung verschließen. Die beiden Arme so zu einer Schlaufe nähen, daß der Bambusstab leicht hindurchgesteckt werden kann.

WANDBEHÄNGE „TEDDY“ UND „CLOWN“

MATERIAL STOFFBEHANG
Baumwoll-Köper: Rohweiß, 100 % Baumwolle; bunte Stoffreste für die Taschen; Bambusrohr: Ø 2 cm, Länge 50 cm, hier: Grün

HILFMITTEL
Nähfaden, Nähmaschine

VORLAGEN
S.104, G1–G2

Für die aufgenähten Hosentaschen benötigt man einen Streifen von 47 cm Länge und 17 cm Breite aus einem Stoffrest. Dünne Stoffe sollten doppellagig sein, also zu einem Schlauch zusammengenäht werden. Der Ausgangsstoff muß hier eine Länge von 47 cm plus zweimal 1 cm Nahtzugabe und eine Breite von 34 cm plus zweimal 1 cm Nahtzugabe haben. Bei dicken Stoffen genügt es, die jeweilige Randzugabe nach hinten umzubiegen und festzunähen.
Der Streifen wird, wie auf dem Vorlagenbogen gezeigt, über die ganze Breite des Körpers zu zwei Taschen gefaltet, die mit insgesamt sechs Längsnähten auf dem Körper befestigt werden (siehe Andeutungen im Vorlagenbogen!). Zum Schluß wird der gefaltete Streifen am unteren Rand quer über die ganze Breite aufgenäht.

MALEN DES TEDDYS

MATERIAL
Stoffmalfarben: Dunkelbraun, Siena, Gold; Lackstift: Perlkupfer; evtl. feine Aufsatzspitze aus Metall

HILFSMITTEL
Borstenpinsel

AUSFÜHRUNG
Die im Vorlagenbogen angegebenen Linien des Teddys mit kupferfarbenem Lackstift zeichnen. Eine feine, auf das Plastikröhrchen aufgeschraubte Metallspitze ermöglicht das Ziehen dünner Linien. Nase, Augen und das Innere des Maules mit Dunkelbraun, die Schnauze sowie den äußeren Rand der Ohren mit Gold und Siena ausmalen. Die übrigen Flächen des Körpers mit Mischfarben aus Siena und Dunkelbraun immer unter Zugabe von etwas Gold einfärben. Mit reinem Gold die Hände und die Füße farbig gestalten. Bei den Schultern die Farbe Gold an der

Schulterlinie entlang auftragen und mit dem Borstenpinsel so nach unten verstreichen, daß die Farbe sanft ausläuft.

MALEN DES CLOWNS

MATERIAL

Stoffmalfarben: Rosé, Karminrot, Dunkelbraun, Blaugrün, Deckweiß, Silber; Lackstift: Perlkupfer; evtl. feine Aufsatzspitze aus Metall

HILFSMITTEL

Borstenpinsel

AUSFÜHRUNG

Die im Vorlagenbogen gezeichneten Linien sowie die Haare des Clowns mit Lackstift auf den Wandbehang malen. Hut, Schultern und Schuhe mit Blaugrün unter Zugabe von etwas Silber bemalen, die Bommeln und die Nase mit Karminrot. Das Gesicht wird mit Rosé ausgefüllt; an der Stelle der Backen wird dem Rosé ein wenig Karminrot beigefügt. Unter dem Rand der Mütze die obere Hälfte der Haare mit Perl-Kupfer so grundieren, daß die Farbe nach unten sanft ausläuft. Augenbrauen und Mundpartie mit einem Gemisch aus Deckweiß und Silber bemalen. Die Augen mit Dunkelbraun ausfüllen und dabei kleine Dreiecke als Lichtpunkte aussparen.

Wollige Bommeln

SCHWIERIGKEITSGRAD
Sehr einfach, auch bei Kindern sehr beliebt

ARBEITSZEIT
Ca. 20 Minuten

HERSTELLUNGSPREIS
Ca. 0,20 DM

MATERIAL
Wolle; Pappkarton; Filzreste; Band/Glöckchen; Klebstoff; Transparentpapier; Faden

HILFSMITTEL
Schere; Wollnadel; Holzbrettchen oder Pappe; Nadeln; Bleistift

VORLAGEN
S. 104, Hase: F1–F7;
Küken: F8–F 14;
Tintenfisch: F 15–F 18;
Puppenkleidchen: F 19

AUSFÜHRUNG

BOMMEL
Die Pappkartonscheiben doppelt entsprechend der Vorlage ausschneiden. Die beiden Pappkartonringe aufeinanderlegen. In eine Wollnadel einen langen doppelten Wollfaden einfädeln.

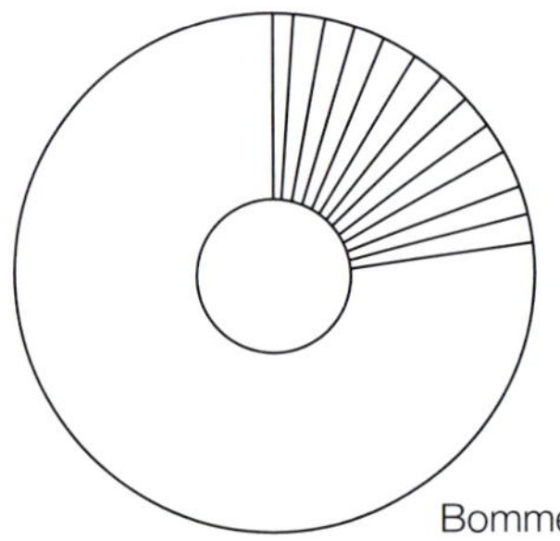

Bommel

Die Ringe werden dicht umwickelt (s. Abb.).
Ist der Faden aufgebraucht, immer einen neuen anknoten, bis das Loch ganz ausgefüllt ist. Mit einer Schere den Außenrand zwischen den Pappscheiben aufschneiden. Einen langen doppelten Wollfaden zwischen die Pappscheiben legen, und fest verknoten. Diesen Wollfaden für die weitere Verarbeitung verwenden, also nicht abschneiden! Die Pappscheiben vorsichtig aufschneiden und entfernen. Zuletzt mit einer scharfen Schere die Bommelfäden egalisieren.

HASE UND KÜKEN
Mit Hilfe der Vorlagen die Pappscheiben und die Filzteile zuschneiden. Die Bommeln entsprechend der Anleitung herstellen. Mit der Wollnadel und den Wollbindefäden die Bommeln miteinander verbinden, indem die Fäden einige Male durch die Bommel gezogen werden. Beim Durchstechen darauf achten, daß sich der Nähwollfaden zwischen die Wollfäden legt und nicht sichtbar ist.
Die inneren Ohrteile auf die äußeren kleben, ebenso die Augen vorbereiten. An den entsprechenden Stellen die Filzteile auf bzw. zwischen die Wollfäden kleben. Für das Schnäuzchen einige Zwirnfäden unter das Filzteil kleben. Zum Schluß das Halsband mit dem Glöckchen umbinden.
Das Küken wird wie der Hase vor-

DEKO-TIP:

Einen unifarbenen Stoff leicht drappiert über Holzstücke oder Schachteln legen und die Figürchen wie in einer Landschaft dekorativ darauf verteilen.

bereitet und hergestellt. Für einen guten Stand die Filzfußteile mit Klebstoff doppeln.

WOLLPÜPPCHEN UND TINTENFISCH

Ein ca. 22 cm langes Holzbrettchen oder eine dementsprechend feste Pappe ca. 60 mal umwickeln. Einen 1 m langen doppelten Wollfaden zwischen die aufgewickelte Wolle und das Brettchen einziehen und fest verknoten. Die Wollwicklung vorsichtig vom Brettchen schieben, gegenüber der abgebundenen Stelle die Wicklung aufschneiden. Die abgebundene Stelle ist die Mitte des Kopfes. Ca. 3,5 cm unterhalb dieser Stelle mit dem Wollfaden durch 2–3 Umwicklungen den Kopf abbinden und verknoten. Die Arme auf die gleiche Wickelweise herstellen (ca. 14 cm langes Brettchen und 50 Umwicklungen). Den Wollstrang nicht abbinden, sondern vom Brettchen schieben und an zwei sich gegenüberliegenden Seiten ca. 2,5 cm von den Schlaufen entfernt fest abbinden. Die Schlaufen aufschneiden und egalisieren. Diesen Wollstrang zwischen die Wollfäden unterhalb des Kopfes legen. Zur Entstehung des Brustkorbs mit dem Wollfaden der Halsbindung etwa dreimal über Kreuz von der rechten oberen Schulter unter den linken Arm, dann um die hintere Taille unter den rechten Arm, nun wieder vorn diagonal zur linken Schulter. Der Tintenfisch wird bis zur Halswicklung wie das Püppchen gearbeitet (Holzbrettchen: 14 cm; 60 Umwicklungen). Nachdem der Hals abgebunden ist, werden die Wollfäden in kleine Zöpfe mit je 9–15 Fäden pro Zopf eingeflochten und an den Enden mit einem Stückchen Wolle zusammengebunden. Die Filzteile der Vorlage entsprechend zuschneiden und aufkleben.

PÜPPCHENKLEIDUNG

AUSFÜHRUNG

Die Stoffteile der Vorlage entsprechend mit 0,5 cm Nahtzugabe zuschneiden. Die Hose wie die Teddyhose auf S. 49 arbeiten. Anstelle eines Gummis einen Faden einziehen und am Püppchen zubinden. Das Oberteil wird an der Schulter im Stoffbruch zugeschnitten. Für den Kopf ein Dreieck ausschneiden. Rechts auf rechts legen und die Arm- und Seitennähte schließen. Wenden, an den Umbruchlinien den Stoff nach innen einschlagen (links auf links) und mit Textilkleber ankleben. Das Hemdchen in der Taille mit einem Bändchen als Gürtel binden.
Mütze: Den Stoff rechts auf rechts zusammenlegen, die Seitennähte schließen, wenden, die Umbruchlinie nach innen einschlagen und mit Textilkleber befestigen. Mit einem Wollfaden einen kleinen Bommel für die Mütze arbeiten. Die Mütze auf das Wollköpfchen kleben. Ein ca. 25 cm langer Spitzenrest an einer Kante einreihen und als Halskrause an das Püppchen binden.

Mein bester Freund: Der Teddy

MATERIAL

ca. 40 cm weißes Fellimitat;
ca. 20 x 25 cm brauner Filz;
Polyesterwatte; Glasaugen;
Gelenkscheiben für 5 Gelenke;
Zwirn/Faden; schwarzes und
rotes Stickgarn;
Transparentpapier

HILFSMITTEL

Schere; Bleistift; lange Nähnadel;
Nadeln (Nähmaschine);
Kombizange; Stecknadeln

VORLAGEN

S. 104, Bär: G1–G 15;
Kleidung: G 16–G 19

SCHWIERIGKEITSGRAD

Nähkenntnisse sind erforderlich

ARBEITSZEIT

4–5 Stunden mit der Nähmaschine

HERSTELLUNGSPREIS

Ca. 13,– bis 20,– DM

AUSFÜHRUNG

TEDDYBÄR

Alle erforderlichen Teile aus dem Vorlageteil abpausen, und alle Zeichen auf das Schnittmuster übertragen.
Die Schnittmuster auf die Rückseite des Fellimitats legen und mit einem Bleistift übertragen. Dabei die Nahtzugabe von 0,5 cm beachten. Auf die Anzahl der jeweiligen Teile und auf die rechte und linke Seite (z.B. Beininnen- und -außenteil) achten.
Fellimitate von der Rückseite aus zuschneiden. Mit einer spitzen Schere zwischen die Fellhaare fahren und nur das Gewebe schneiden. Die Teile den Zahlen entsprechend rechts auf rechts mit Stecknadeln fixieren. Diese quer zur Kante stecken, um während des Zusammennähens die Fellhaare in die Teile zu schieben.
Je zwei Bein-, Arm-, Ohr- und Körperteile zusammennähen.
Die eingezeichneten Öffnungen als Wende- und Stopflöcher offenlassen. Die Teile wenden, und an den Nähten die Fellhaare mit einer Stecknadel vorsichtig ausstreichen. Die Kopfseitenteile an die entsprechenden Kopfmittelteile nähen. Kopfseitennähte schließen. Wenden, Nähte ausstreichen und mit Polyesterwatte fest ausstopfen.
In die Halsplatte eine Gelenkscheibe so einstechen, daß der Dorn zum Körper zeigt. Mit der Halsplatte den Kopf schließen.
Arme und Beine bis zur Hälfte ausstopfen. Gelenkscheiben so legen, daß der Dorn zeichengemäß von Arm- bzw. Beininneren nach außen geht.
Nun den Dorn von außen in das Rumpfteil des Teddys einstechen, die Gegenscheibe dort aufsetzen und mit der Sperrscheibe sichern. Mit einer Kombizange fest zusammendrücken. Ebenso den Kopf am Rumpf befestigen. Die Glieder und den Rumpf fest stopfen und die Öffnungen von Hand zunähen. Die Ohren auf die Kopfmittelnaht nähen.
Den Mund mit dem Filzmundinnenteil zeichengemäß zusammennähen und mit kleinen Stichen auf den Kopf (s. Schnittmuster) aufnähen.
Die Augen mit doppeltem Zwirngarn einsetzen.
Die Nase mit schwarzem Stickgarn aufsticken, ebenso die Krallen. Darauf achten, daß ein Bär nie mehr als 4 Krallenstiche erhält.
Die Mund- bzw. Gaumenkante mit rotem Stickgarn kennzeichnen.

TEDDYBÄR-KLEIDUNG

SCHWIERIGKEITSGRAD
Kleine Nähkenntnisse sind erforderlich

ARBEITSZEIT
Ca. 30 Minuten

HERSTELLUNGSPREIS
1,20 bis 3,50 DM

MATERIAL
Transparentpapier; Stoffreste; ca. 40 cm Gummiband, 0,3 mm stark; Faden; Textilkleber; 120 cm Schrägband

HILFSMITTEL
Bleistift; Nadeln (Nähmaschine); Stecknadeln; Schere; Sicherheitsnadel für Gummieinzug

AUSFÜHRUNG
Die Schnitte vom Vorlagebogen abnehmen und mit 1 cm Nahtzugabe zuschneiden.
Hose: An beiden Hosenteilen die innere Beinnaht rechts auf rechts schließen. Nun rückwärtige und vordere Hosennähte zusammennähen. An der Umbruchlinie links auf links einschlagen und mit 1 cm Abstand zur Kante umnähen. Dabei eine kleine Öffnung für den Gummieinzug lassen. Hosenbeinsaum 1 cm einschlagen und abnähen oder mit Textilkleber befestigen. Gummiband einziehen, zusammennähen.
Jacke: Die Schultern zeichengemäß schließen. An den Ärmeln zwischen den auf der Vorlage eingezeichneten Sternchen leicht einreihen, und die Ärmel zeichengemäß an Vorder- und Rückenteil nähen. Arm- und Seitennaht durchgehend schließen. Mit einem ca. 120 cm langen Schrägband die äußere Kante fortlaufend einfassen. Die Nahtzugaben an den Ärmeln links auf links einschlagen und festnähen oder mit Textilkleber befestigen. Als Gürtel einen ca. 4 x 60 cm großen Stoffstreifen zu einem Schlauch zusammennähen und wenden. Die Enden jeweils zu einem Knoten knüpfen, den Stoffstreifen schräg abschneiden.

DEKO-TIP:

Der Teddy kann im Prinzip überall auf dem Basartisch seinen Platz finden. Er lehnt sich aber gerne an. Die Teddy-Kleidung kann entweder angezogen oder davorgelegt werden.

SCHWIERIGKEITSGRAD
Das Ausschneiden der einzelnen Teile ist einfach. Das Auffädeln erfordert Geschick.

ARBEITSZEIT
Ca. 60–90 Minuten

HERSTELLUNGSPREIS
Pro Mobile
ca. 1,50 DM

AUSFÜHRUNG
Die einzelnen Teile vom Vorlagenbogen auf Fotokarton übertragen, und Schablonen fertigen. Mit Hilfe der Schablonen ausreichend viele Einzelteile zuschneiden.
Kräuselband an die Ballons binden. Die Buchstaben in den Blumenkränzen bzw. Ballons befestigen: Dazu ein Fadenende verknoten, den Faden durch das eingezeichnete Loch in den Buchstaben ziehen (auf das Gleichgewicht achten), die Nadel durch die vorgesehene Stelle im Blumenkranz bzw. Ballon ziehen und dort wieder verknoten. Ebenso die einzelnen Elemente verbinden bzw. die Messingglocke am unteren Ende des Mobiles anbringen. Zur Stabilisierung die Fadenenden (Knoten) mit etwas Klebstoff fixieren. Zum Ausarbeiten weiterer Buchstabenschablonen zeichnet man Rechtecke in Größe eines Buchstabens auf Fotokarton und malt den Buchstaben hinein.

Tip: Den BasarbesucherInnen anbieten, entsprechende Buchstaben herauszusuchen. Diese werden am Stand zusammengebunden. Der Preis richtet sich nach der Anzahl der Buchstaben.

Aus Buchstaben werden Namen

MATERIAL
Fotokarton (300 g): verschiedene Farben; Kräusel- bzw. Geschenkband in Weiß; Messingglocke

HILFSMITTEL
Nähfaden: Weiß; Bleistift; Klebstoff (tropffrei); Nähnadel; kleine, spitze Schere

VORLAGEN
S. 104, Ü 1–Ü 8

DEKO-TIP:

Die ausgeschnittenen Teile sollten sortiert (Buchstaben, Ballons, Blumenkränze) auf einem Tisch liegen. Die aufgefädelten Mobiles als Muster aufhängen.

SCHWIERIGKEITSGRAD
Einfach

ARBEITSZEIT
Ca. 60 Minuten

HERSTELLUNGSPREIS
Ca. 4,– DM

AUSFÜHRUNG
Mond und Zipfelmütze je zweimal, Wolke einmal von der Vorlage auf Karton übertragen, ausschneiden und zusammenkleben. Die Mützenteile auf die Wolke an den Mond kleben. Das Gesicht mit Filzstift bzw. Relieffarbe
beidseitig ausgestalten.
Die Sterne (Anzahl entsprechend der Vorlage) auf goldfarbenen Karton übertragen, ausschneiden und gut verteilt auf beide Seiten von Mütze und Wolke aufkleben.

Zum Schluß die Messingglocke und den Aufhängefaden mit Hilfe einer Nähnadel anbringen. Die Fadenenden mit Klebstoff fixieren.

DEKO-TIP:

Es bietet sich an, ein Fenster oder den Rückteil des Basarstandes damit zu schmücken.

FENSTERBILD „DER MOND IST AUFGEGANGEN“

MATERIAL
Tonkarton – einseitig goldfarben; Fotokarton (300 g): Dunkelblau; Nähfaden: Weiß; 1 Messingglocke; Filzstift wasserfest: Schwarz; Relieffarbe mit Brillanteffekt

HILFSMITTEL
Bleistift; Klebstoff; Nähnadel; große und kleine Schere

VORLAGEN
S. 104, I 1–I 4

WICHTELMÄNNCHEN

SCHWIERIGKEITSGRAD
Einfach

ARBEITSZEIT
Ca. 10 Minuten pro Wichtel

HERSTELLUNGSPREIS
Ca. 0,50 DM

MATERIAL
Biegeplüsch in verschiedenen Farben; Filz in verschiedenen Farben; Holzkugel: Natur, Ø 15 mm; Holzperlen: Natur oder Rot, Ø 6 mm

HILFSMITTEL
Zirkel; Schere; Klebstoff; Wasserfarben; Pinsel; Wassergefäß

AUSFÜHRUNG
Vom Biegeplüsch jeweils ein 6 cm und ein 15 cm langes Stück in derselben Farbe zuschneiden.
Für das Mäntelchen und die Mütze benötigt man einen 6 cm Ø großen Kreis und einen entsprechenden Halbkreis.
Zur Formung des Körpers das längere Stück Biegeplüsch in der Hälfte zusammengeknicken. Die Schlaufe durch ein kleines Loch in der Mitte des Mäntelchens stecken und festkleben. Das kurze Biegeplüschstück zwischen die langen Enden legen und durch mehrfaches Verdrillen der langen Plüschteile fixieren. Den Filzkreis am Körper festkleben. Als Hände und Füße jeweils Holzperlen anbringen. Auf den Kugelkopf die tütenförmige Filzmütze kleben, und abschließend das Gesicht aufmalen.

DEKO-TIP:

Die lustigen Wichtel turnen gerne an Kordeln oder an Zweigen. Sie eignen sich auch gut als Anhänger für Geschenkpäckchen.

SCHWIERIGKEITSGRAD

Einfach

ARBEITSZEIT

Ca. 20 Minuten pro Hexe

HERSTELLUNGSPREIS

Ca. 1,– DM pro Hexe

FLIEGENDE HEXEN

MATERIAL

Stoffreste; Filz; Füllwatte o.ä.; Webfell, langhaarig; Holzkugel: Natur, Ø 25 mm; Holzperlen: Natur oder Rot, Ø 6 mm; Rundholzstab, Ø 6 mm; Baumbindebast o.ä.; Zahnstocher aus Holz; Faden; kleine Glasperle

HILFSMITTEL

Schere; Nähnadel; Weißleim; Ast- oder Rosenschere; Pinsel; Wasserfarben; Wassergefäß; Handbohrer

AUSFÜHRUNG

8,5 x 16,5 cm große Stoffreste zuschneiden, auf der linken Seite zu einem Stoffquadrat zusammennähen. Eine kleine Öffnung lassen. Nach dem Wenden mit etwas Füllwatte ausstopfen.
Eine 3 x 3 cm lange Ecke des Quadrats in das Innere des Beutels umschlagen, die Naht verschließen. An jedes Ende der abgeschrägten Seite als Hände eine Holzperle annähen.
Auf 5 cm lange Stücke des Rundstabs je eine Holzkugel kleben, mit Mund und Augen bemalen. Für die Nase ein Loch in die Mitte bohren. Die 1 cm lange Spitze eines Zahnstochers mit Weißleim in die Öffnung kleben, rot anmalen.
Einen 5 x 1,5 cm langen Streifen des Webfells von links abschneiden, als Haare auf den Kugelkopf kleben. Das Kopftuch aus einem Filzdreieck (Seitenlängen 7 cm) binden.
Für den Besen 5 cm lange Bastfäden um das freie Stöckchenende binden und kleben. Das Säckchen so an den Rundstab kleben und nähen, daß eine Spitze auf dem Besen zu liegen kommt und die Hände den Holstab umfassen.
Einen Faden durch eine kleine Glasperle fädeln, und diesen Aufhänger von unten durch die Kopfbedeckung stechen.

PHANTASIEVOLLE FINGERPÜPPCHEN

SCHWIERIGKEITSGRAD
Wenige Bastelkenntnisse

ARBEITSZEIT
Ca. 30–40 Minuten ohne Trockenzeit

HERSTELLUNGSPREIS
0,30 bis 0,80 DM pro Püppchen

MATERIAL
Pappmaché gemahlen; Küchenkrepp; Reste und Gesammeltes, z.B. Wolle, Fell, Federn, Band, Spitze, Tannenzapfen, Eicheln etc.; Farben; Stoffreste/Faden; Klarlack

HILFSMITTEL
Flasche, Holzstab ca 1 cm Ø, ca. 12 cm länger als die Flasche; Schere; Plastikschüssel; Löffel; Nadeln; Pinsel; Zackenschere Tesafilm; Klebstoff;

VORLAGEN
S. 104, L1–L2

AUSFÜHRUNG
Den Holzstab mit einem ca. 2 cm breiten Küchenkreppstreifen 4–5mal umwickeln und diesen, durch mehrfaches Umwickeln mit Tesafilm fixieren.
Pappmaché laut Packungsanweisung anrühren, und die Grundform des gewünschten Köpfchens modellieren. Jedes Köpfchen muß unabhängig davon, ob es sich um eine Tier-, Menschen- oder Phantasiefigur handelt, einen ca. 1,5 cm langen Hals erhalten. Beim Modellieren recht großzügig arbeiten.
Die Details und der eigentliche Ausdruck entstehen durch das Bemalen und die weitere Ausgestaltung.
Es ist ratsam, Wolle, Federn, Fell-, Stoff-, Band- und Spitzenreste übersichtlich vor sich auszubreiten. Das inspiriert!
Bei der Ausformung sind der Phantasie keine Grenzen gesetzt. Zu beachten ist lediglich, daß es sich um Fingerpuppen handelt und sie bespielbar bleiben müssen.
Nach dem Trocknen den Holzstab vorsichtig entfernen.

DEKO-TIP:

Die Püppchen mit Papier ausstopfen und kleine Szenen gestaltend anordnen.

BEMALEN UND AUSGESTALTEN
Die Köpfchen mit weißer Farbe grundieren, Gesichtsfarbe auftragen und die weitere farbliche Gestaltung je nach Wunsch ausarbeiten. Sind die Köpfchen getrocknet, werden sie mit farblosem Lack besprüht und mit Fell, Watte, Papierresten oder Naturmaterialien beklebt.
Für die Kleidchen zwei 10 x 10 cm große Stoffrestteile mit der Zackenschere zuschneiden. Für Kleidchen ohne Hände die Seitennähte schließen, ansonsten die Filzhändchen ca. 3,5 cm vom unteren Rand entfernt in die Seitennähte zwischenfassen. An der oberen Kante ca. 3 cm nach innen links auf links einschlagen und mit doppeltem Faden ca. 0,5 cm von der eingeschlagenen Kante entfernt mit kleinen Stichen einreihen. An den Hals des Köpfchens Klebstoff geben und ihn in den eingereihten Stoff bis zum Kopfansatz einschieben. Die Köpfchen werden jetzt je nach Wunsch mit weiteren Materialien ausgestaltet und beklebt.
Um den Halsansatz ein Dekoband oder Spitze kleben.

Festliches, Farbenfrohes und Freches

für die

Advents- und Weihnachtszeit

MATERIAL

3–4 75 cm lange Efeuranken; verschiedene Zweige wie Tanne, Buche, Zeder, Efeu; 6 Föhrenzapfen; 4 Erdnüsse; 2 Sternanis; 6 Zimtstangen; ca. 210 cm langes, rotgoldenes Schmuckband; ca. 210 cm lange dünne Goldkordel

HILFSMITTEL

Allzweckschere; grüner Wickeldraht; messingfarbener Bindedraht

SCHWIERIGKEITSGRAD

Geringe, floristische Vorkenntnisse sind erforderlich

ARBEITSZEIT

Ca. 1–1 1/2 Stunden

HERSTELLUNGSPREIS

Ca. 8,– DM (je nach Schmuckbandpreis)

TÜRBOGEN

AUSFÜHRUNG

Die einzelnen Zweige auf ca. 10 cm Länge zuschneiden. Danach drei bis vier Efeuranken in die Hand nehmen, um den Anfang büschelweise die verschiedenen Zweige legen, und mit Wickeldraht fest umwickeln. Darum herum erneut büschelweise Zweige legen und fest umwickeln. Bis zur Mitte der Efeuranken diesen Vorgang wiederholen. Danach den Wickeldraht abschneiden und verwahren. Am anderen Ende der Efeuranken mit dem Umwickeln der Zweige beginnen und diesen Vorgang ebenfalls bis zur Mitte wiederholen. Vier Föhrenzapfen mit grünem Bindedraht andrahten und links und rechts am Gebinde befestigen. Zwei 25 cm lange Stücke von Schmuckband zuschneiden und zur Schlaufe legen, jedes Teil einmal mit Bindedraht umwickeln. Zwei Zimtstangen und zwei Erdnüsse mittig auflegen und mit dem Bindedraht fest umwickeln. Fertige Schlaufenelemente beidseitig mit den Bindedrahtenden befestigen. Jeweils eine Sternanisform auf eine Zimtstange legen und mit Bindedraht kreuzweise umwickeln und beidseitig anbringen. Die Enden des Bindedrahtes eventuell überstehen lassen und um einen Bleistift wickeln. Dadurch erhält man als zusätzliches Schmuckelement eine kleine Spirale. An vier Föhrenzapfen die Enden der Goldkordel binden und in unterschiedlicher Länge mittig am Gebinde anbringen. Für die Aufhängeschlaufe ca. 160 cm Schmuckband zuschneiden.
Das Band doppelt legen, hinter das Gebinde legen, die Enden nach vorne nehmen, danach wieder kreuzweise nach hinten nehmen und zum Schluß vorne am Kreuz eine Schlaufe binden.

SCHWIERIGKEITSGRAD
Keine wesentlichen Floristikkenntnisse erforderlich

ARBEITSZEIT
30–40 Minuten

HERSTELLUNGSPREIS
Zwischen 4,– und 5,– DM

AUSFÜHRUNG
Für das Trägerelement ca. 10 Zweige auf 40 cm Länge zuschneiden und mit Wickeldraht fest umwicklen. Die Zweige aus grünem Naturmaterial auf 10–15 cm zuschneiden. Zwei Zimtstangen und zwei Erdnüsse mit messingfarbenem Bindedraht zusammenbinden. Die Enden des Drahtes ca. 10–15 cm überstehen lassen und um einen Bleistift wickeln; dadurch erhält man als zusätzliches Dekorationselement eine Spirale. Um einen Föhrenzapfen Pistazienschalen in Form einer Blüte kleben. Aus Papierband eine dekorative Schleife legen. Nun ist alles vorgerichtet, und es kann mit dem Ausgestalten begonnen werden. Die Zweige mit Wickeldraht am Trägerelement anbringen. Das Dekorationsmaterial mit der Heißklebepistole fixieren.

DEKO-TIP:
Auf eine bäuerliche Decke legen. Wenn der Basarstand über ein Dach verfügt, kann man ein Band festbinden, und den Schmuck vom Dach herabhängen lassen.

RAUMSCHMUCK

MATERIAL
Als Trägerelement Zweige, verschiedene grüne Zweige wie z.B. Tanne, Buchs, Zeder, Efeu; gepreßte Blätter; Zimstange; 5 Erdnüsse; 3 Föhrenzweige; 2 Lärchenzapfen; Schalen von Pistazien; getrockneter Eukalyptuszweig o.ä.; Wickeldraht; dünner, messingfarbener Bindedraht; eventuell getrockneter, goldbesprühter Zweig; 120 cm dunkelrotes Papierband

HILFSMITTEL
Rebschere; Allzweckschere; Heißklebepistole

TISCHGESTECK MIT KERZE

SCHWIERIGKEITSGRAD

Keine floristischen Vorkenntnisse notwendig

ARBEITSZEIT

Ca. 20–30

HERSTELLUNGSPREIS

Je nach Auswahl der Kerze zwischen 4,– und 5,– DM. Das Grundmaterial ist weitgehend kostenlos zu bekommen und in der Natur zu sammeln.

MATERIAL

Kerze: ca. 6–7 cm Ø ;
Papierkordel: Lila, Länge 120 cm; verschiedene grüne Zweige von Buchs, Zeder, Tanne; gepreßte Blätter; 1 Föhrenzapfen;
2 Erdnüsse; 3 Zimstangen;
3 Sternanis; 3 kleine Goldsterne; messingfarbener Bindedraht;
1 kleiner Nagel;
kleiner Rest Steckmasse; kleines Holzbrett 10 x 10 cm oder Astscheibe mit 10 cm Ø und 2 cm Stärke.

HILFSMITTEL

Allzweckschere; Hammer; Heißklebepistole

AUSFÜHRUNG

In das Holzteil (Trägerelement) zunächst den kleinen Nagel einschlagen. Mit der Klebepistole einen Rest Steckmasse (ca. 10–15 cm) aufkleben. Auf drei Zimtstangen zwei Erdnüsse legen und mit Bindedraht fixieren. Auf die Sternanisform jeweils einen Stern legen und mit Bindedraht festbinden. Alle drei Sternformen miteinander verbinden. Ist alles vorbereitet, kann mit dem Ausgestalten begonnen werden. Zunächst die Papierkordel nehmen, und ein Ende am Holzelement festkleben. Den anderen Teil so arrangieren, daß zwei Kreise entstehen. Danach das andere Ende ebenfalls fixieren. Die Kerze auf den kleinen Nagel setzen (eventuell den Nagel zuvor erwärmen). Die verschiedenen Zweige, gepreßten Blätter, eventuell getrockneten Zweige wie Eukalyptus und die anderen Schmuckelemente dekorativ in die Steckmasse stecken und gegebenenfalls einzelne Teile mit der Klebepistole festkleben.
TIP: Anstelle der Papierkordel kann jedes andere feste oder gedrahtete Schmuckband – zur dekorativen Schleife gebunden – verwendet werden.

SCHWIMMKERZEN

SCHWIERIGKEITSGRAD
Einfach

ARBEITSZEIT
Ca. 20 Minuten für 20 Kerzen

HERSTELLUNGSPREIS
Ca. 0,10 DM (1 m Docht kostet ca. 1,80 DM)

MATERIAL
Kerzenreste; Wachsfärbetabletten; Kerzendochte mit Metallplättchen (Wachsgeschäft)

HILFSMITTEL
verschiedene Backförmchen, Schnapsgläschen, etwas Öl (zum Ausreiben der Schnapsgläschen); Alufolie;
glatte Platte; alter Kochtopf

DEKO-TIP:

Am besten in einer wassergefüllten Schale schwimmen lassen; je nach Jahreszeit auch Blütenköpfe und Blätter in die Schale legen.

AUSFÜHRUNG
Die Kerzenreste werden zusammen mit Wachsfärbetabletten in einem alten Kochtopf oder in einer Konservendose im Wasserbad bei mittlerer Temperatur eingeschmolzen (die im Wachs schwimmenden Dochtreste herausfischen). Auf eine im Kühlschrank vorgekühlte Platte wird ein Stück Alufolie gelegt. Darauf kommen die möglichst auch kalten Backförmchen bzw. das mit etwas Öl ausgeriebene Schnapsgläschen. In die Mitte der Form wird der Kerzendocht gestellt, der vorher am besten bereits in heißes Wachs getaucht worden ist und abkühlen, d.h. hart werden konnte. Dann so viel flüssiges Wachs hinzugießen, bis der Boden bedeckt ist. Nach dem Festwerden weiteres Wachs aufgießen. Diesen Vorgang so lange wiederholen, bis die Form gefüllt ist. Da sich beim Erkalten das Wachs um den Docht herum zusammenzieht, sollte immer ein Rest Wachs aufgehoben werden, um nach etwa einer Stunde die entstandene Kuhle aufzufüllen. Das Auskühlen der Kerze geschieht am besten im Kühlschrank. Danach läßt sich das Backförmchen bzw. das Schnapsgläschen einfach abstreifen.

MARMORIERTE KERZEN

SCHWIERIGKEITSGRAD
Einfach

ARBEITSZEIT
Ca. 5 Minuten pro Kerze

HERSTELLUNGSPREIS
Kerzenpreis + ca. 0,50 DM

MATERIAL
Standfeste Kerzen in verschiedenen Farben, Formen und Größen; Kaltkeramikfarbe: Rot, Blau, Gelb, Grün, Weiß, Schwarz

HILFSMITTEL
1 alter Eimer oder Plastikwanne; Wasser; alte Zeitungen; Gummihandschuhe; Zahstocher

AUSFÜHRUNG
Den Eimer oder die Plastikwanne so hoch mit Wasser füllen, daß die zu marmorierende Kerze beim senkrechten Eintauchen ganz mit Flüssigkeit bedeckt wird. Danach mit Hilfe des Zahnstochers einige Klekse Kaltkeramikfarbe auf die Wasseroberfläche tropfen und diese mit Hilfe des Hölzchens in Kreisen und Schlangenlinien verziehen. Zum Marmorieren wird die Kerze am Docht angefaßt und unter Drehen senkrecht kurz in die Flüssigkeit eingetaucht. Die Kerze sollte nach dem Herausnehmen für mindestens 24 Stunden zum Trocknen auf Zeitungspapier gestellt werden.

Tip: Verbliebene Farbreste lassen sich von der Wasseroberfläche durch Auflegen saugfähigen Papiers (Küchenkrepp) entfernen. Das Wasser kann dann problemlos entsorgt werden.

DEKO-TIP:

Die Kerzen auf diverse gleiche oder auch verschiedene Ständer verteilen; in eine Schale zusammen mit Frisch- oder Trockenblumen stellen.

LEBKUCHEN-MARZIPAN-LECKEREIEN

ZUTATEN
250 g Marzipan-Rohmasse
150 g Puderzucker

Die Marzipan-Rohmasse mit dem gesiebten Puderzucker gut verkneten. Das Marzipan bis zur weiteren Verarbeitung in eine Klarsichtfolie einschlagen, damit es nicht antrocknet.

MARZIPANKERZEN

ZUTATEN
Grundmasse Marzipan Spritzglasur (500 g Puderzucker, 2–3 Eiweiß, 1/4 Zitrone), süße geschälte Mandeln

Aus dem Marzipan kleine Rollen mit einem Ø von ca. 2 cm und 5 cm Höhe formen. Den Kerzendocht mit einer Mandel (am besten eignen sich hierfür Gestiftelte) nachempfinden und mit Spritzglasur befestigen. Hierzu den Puderzucker mit dem Eiweiß verrühren, bis eine zähe Konsistenz erreicht wird. Dann Saft der Zitrone einrühren.

MARZIPANKARTOFFELN
Aus der angemachten Marzipanmasse ca. 2 cm Ø große Kugeln rollen und in Kakaopulver abrollen.

LEBKUCHEN

ZUTATEN
500 g Honig
1/8 l Öl
250 g Zucker
700 g Mehl
1 Päckchen Backpulver
250 g geschälte gemahlene Mandeln
2 Teel. Pimentpulver
1 Prise Salz
3 Eier
100 g gehacktes Zitronat
100 g gehacktes Orangeat

VORLAGEN
S. 104, K 1–K 2

Honig und Öl mit Zucker unterrühren, aufkochen und wieder abkühlen lassen. Mehl und Backpulver sieben. Alle Zutaten damit vermengen. Zum Schluß die Honig-Öl-Masse zum Mehl geben, und alles gut verkneten. Den Teig mindestens 2–3 Stunden zugedeckt im Kühlschrank lagern. Sollte der Teig zu weich sein, etwas Mehl einarbeiten.
Ein Backblech mit Backpapier auslegen, und den Teig ca. 3/4 cm dick ausrollen. Sterne oder Ringe (s. Vorlage K 1 und K 2) aus dem Teig ausschneiden, auf das Backpapier legen, ca. 10 Min. ruhen lassen und bei 180° C im vorgeheizten Ofen ca. 15 Min. backen. Bei Lebkuchen ist es ratsam, zuerst eine Backprobe zu machen, um das Aufgehen des Teiges zu erkennen.
Die gebackenen ausgekühlten Teile mit im Wasserbad aufgelöster Kuvertüre (Schokolade) bestreichen.

LEBKUCHENSTERN ALS TISCHDEKOR
Den mit Schokolade bestrichenen Lebkuchenstern mit dem auf den Seiten 66/67 beschriebenen Konfekt und Gebäck verzieren. Dazu in die Mitte eine Marzipankerze mit Spritzglasur ankleben und mit den Gebäckteilen ausgarnieren.

MANDELSPLITTER-KRANZ HÄNGEND, LIEGEND
Der mit Schokolade bestrichene Kranz wird auf ein Pergamentpapier gelegt, und mit Mandelsplitter (s. Seite 67) umlegt. Die Kerze oder Kerzen noch vor dem Erhärten der Mandelsplittermasse an- und auflegen. Ist die Schokolade ausgehärtet, leicht mit Puderzucker bestäuben.

BUTTERTEIG

ZUTATEN

200 g weiche Butter
100 g Zucker
1 Ei
300 g Mehl
etwas Zitrone und Vanille

Die weiche Butter mit dem Zucker und dem Ei schaumig rühren. Mehl, Zitrone und Vanille dazugeben, zu Teig verkneten. Den Teig 2 Stunden kühlstellen. Die Gebäcksorten werden alle auf einem mit Backpapier ausgelegten Backblech bei 200° C ca. 10–15 Minuten hellgelb gebacken.

Links unten: gehobelte Mandeln, rote Marmelade, Puderzucker, verquirltes Ei.
Ca. 3 cm große Plätzchen ausstechen. Die Hälfte wird in der Mitte mit einem Fingerhut ausgestochen, so daß Ringe entstehen.
Einen Teil der Ringe mit dem Ei bestreichen und Mandeln aufstreuen, backen.
Marmelade leicht aufkochen, und mit Hilfe eines Teelöffels die Plätzchen füllen, Ringe mit den Mandelblättchen belegen oder einen mit Puderzucker bestäubten Ring auflegen.
Auskühlen lassen.

EDLES GEBÄCK UND KONFEKT

Die folgenden Backanleitungen beziehen sich auf die Plätzchen im nebenstehenden Foto (von links nach rechts):

Links in der Mitte: rote Belegkirschen, geschälte Mandeln, Mandelstifte, 1 verquirltes Ei.
Butterteig ausrollen, Halbmonde, kleine runde Plätzchen ausstechen oder Rauten schneiden, mit verquirltem Ei bestreichen, mit Mandeln oder Belegkirschen verzieren und backen.

Links oben: In 200 g Teig 30 g Kokosraspeln einarbeiten, Kokosraspeln zum Bestreuen, verquirltes Ei.
Kleine, ca. 4 cm lange und 1 cm dicke Stängelchen rollen, mit Ei bestreichen, in Kokosraspeln leicht drücken, backen.

Braun-beige Kombinationen: Etwas Kakaopulver in ca. 250 g Butterteig einarbeiten, 250 g heller Butterteig, 1 verquirltes Ei.
Die Teigstücke getrennt auf einer bemehlten Arbeitsunterlage ca. 2 mm dick ausrollen.
Eine Teigplatte mit Ei bestreichen, mit der anderen Teigplatte belegen und zu einer Rolle formen. Oder aus hellem und dunklem Teig Stangen formen, mit Ei bestreichen und schachbrettartig zusammensetzen.
Mit hellem oder dunklem Teig umhüllen.Die jeweils entstandenen Teigrollen in den Kühlschrank stellen und sehr fest werden lassen, etwa 0,5 cm dicke Scheiben schneiden, auf ein Blech legen, mit Ei bestreichen, hellbraun backen.

NUßMAKRONEN (MITTE)

ZUTATEN

220 g Marzipan-Rohmasse
100 g geriebene Hasel- oder Walnüsse
220 g Zucker
1/8 l Eiweiß

Marzipan-Rohmasse (S. 64) in einer Schüssel mit den geriebenen Nüssen, Zucker und wenig Eiweiß auf der niedrigsten Stufe mit dem Knetarm glatt rühren. Nach und nach das restliche Eiweiß unterrühren. Die Makronenmasse in einen Spritzbeutel geben und kleine Häufchen auf ein mit Backpapier ausgelegtes Backblech spritzen. Ausreichend Abstand zwischen den Häufchen lassen, Makronen vergrößern ihr Volumen beim Backen bis zur doppelten Größe. Bei 190° C im vorgeheizten Ofen auf mittlerer Schiene ca. 15–20 Minuten goldbraun backen. Die Makronen anschließend einige Minuten auf dem Backblech abkühlen lassen, erst dann mitsamt dem Backpapier vom Blech schieben. Das Backpapier auf ein feuchtes Küchentuch legen, und die Makronen vorsichtig abnehmen.

auflösen. Bevor die Schokolade ganz geschmolzen ist, aus dem Wasserbad nehmen, und unter Rühren den Rest lösen. Die Hälfte der Zimtstängelchen eintauchen und auf ein Pergamentpapier setzen.

MARZIPANKARTOFFELN:
ZUTATEN und AUSFÜHRUNG siehe S.64

MANDELSPLITTER

ZUTATEN

200 g Mandelstifte
100 g Puderzucker
400 g Schokoladen-Kuvertüre

Die Mandelstifte mit dem durchgesiebten Puderzucker vermengen, auf ein Backblech geben und im vorgeheizten Ofen bei ca. 160° C rösten. Gut abkühlen lassen. Die Kuvertüre im Wasserbad auflösen, nur schmelzen, nicht erwärmen, die gerösteten Mandelstifte dazugeben und zügig mit Hilfe eines Teelöffels kleine Häufchen auf ein Pergamentpapier geben. Sind die Teilchen fest, können sie vorsichtig vom Papier gelöst werden.
Tip: Das Konfekt bzw. Gebäck kann 8–10 Tage vor dem Verkauf hergestellt werden. (s. Verpackungsvorschlag im Bild unten).

ZIMTSTÄNGELCHEN

ZUTATEN

100 g Zucker
170 g weiche Butter
1 Ei
250 g Mehl
100 g gemahlene Nüsse
50 g gemahlene Mandeln
1/2 Teel. Zimt
Blockschokolade

Alles zu einem Teig verarbeiten, kühl stellen. Eine ca. 4 mm starke Teigplatte ausrollen, daraus 1,5 x 5 cm lange Streifen schneiden. Auf ein mit Backpapier ausgelegtes Backblech geben und backen (s. o). Die Schokolade im Wasserbad

Weihnachtsdeckchen und -Karten ✧ Geschenkbeutel

SCHWIERIGKEITSGRAD

Das Zuschneiden der Schablonen erfordert eine ruhige Hand und eine sorgfältige Arbeitsweise. Die Handhabung der Schablonen und das Aufmalen der Motive sind einfach.

ARBEITSZEIT

Beutel ca. eine halbe Stunde (ohne Anfertigung der Schablonen)
Deckchen ca. 1 1/2 Stunden.

HERSTELLUNGSPREIS

Beutel und Deckchen: ca. 4,– DM
Karten: ca. 0,50 DM

MATERIAL

Nessel-Beutel mit Kordelzug: 100 % Baumwolle, Rohweiß, 30 cm x 40 cm und 15 cm x 22 cm; Tischdeckchen: 100% Baumwolle, 40 cm x 40 cm; Standard-Rupfen: Mittelblau; Briefkarten: Weiß, DIN A 6 hochdoppelt; stabile Folie (z.B. von alten Einsteckhüllen); Stoffmalfarben: für die Karten deckende Stoffmalfarben: Gelb, Weiß, Karmin, Grün, Rose, Hellbraun, Dunkelbraun, Schwarz; für die Geschenkbeutel: Deckweiß, Silber, Türkis, Mittelblau, Saftgrün, Mittelgelb, Karminrot, Rosé, Hellbraun, Dunkelbraun, Schwarz

HILFSMITTEL

Cutter; spitze Schere; Klebeband; Transparentpapier; Schablonenpinsel; dünner Haarpinsel; schnittfeste Unterlage

VORLAGEN

S. 104, M1–M5

AUSFÜHRUNG

Das Motiv vom Vorlagenbogen auf ein Transparentpapier übertragen und dieses mit zwei Stücken Klebeband auf eine dicke Unterlage, Karton kleben. Es gibt vier Motive: Schneemann mit -kind, Schneemann mit Junge, Nikolaus, Tannenbaum auf dem Schlitten. Darüber ein Stück Folie mit Klebeband festkleben. Um das Motiv sollte ein Folienrand von ca. 2 cm bleiben. Mit einem Cutter alle Teile herausschneiden, die später bemalt werden sollen. Wenn die Unterlage dabei gedreht wird, kann man die Rundungen leichter ausschneiden. Vorsicht! Dünnen Stege zwischen den Teilen dürfen nicht durchtrennt werden. Ein kleiner Trick erleichtert später das saubere Ausmalen: Es lohnt sich, für jedes Motiv zwei Schablonen anzufertigen. Aus der ersten schneidet man z.B. den Schlitten und den Tannenbaum aus, aus der zweiten die drei Sterne. Anschließend die erste Folie auflegen, den Tannenbaum grün, den Schlitten braun bemalen. Sobald die Farben angetrocknet sind, die zweite Folie auflegen, und die gelben Sterne aufmalen. Die Schablonen am besten mit zwei Stücken Klebeband am Stoff fixieren, damit sie nicht verrutschen. Anschließend wenig Farbe mit dem Schablonenpinsel aufnehmen und mit schnellen, senkrechten Bewegungen die Farbe in die Aussparungen tupfen. Für dunkle Stoffe deckende Farben verwenden. Wer den Farben ein wenig Glanz verleihen will, kann sie mit etwas Silber vermischen. Alle weißen Flächen (Schnee, Bart und Besatz am Mantel des Nikolaus´) schattieren werden, Dazu die Flächen zunächst mit einem Gemisch aus Weiß und Silber bemalen

DEKO-TIP:

Beutel etwas ausstopfen und aufstellen; Karten durch Klarsichthüllen schützen und in einer verkleideten Schachtel aufstellen oder auf dem Tisch auslegen.

und anschließend mit wenig Türkis so übermalen, daß das Türkis sanft in den weißen Grund übergeht. Beim Regenbogenfarbenschal der Schneemänner gehen die Farben Gelb in Rot oder Grün über, die Farbe Grün in Blau oder Gelb, die Farbe Blau in Rot oder Grün usw.

Die Übergänge so lange mit dem Pinsel betupfen, bis sie fließend sind. Die Schablonen können beliebig kombiniert und angeordnet werden. Um saubere Ränder zu garantieren, sollten die Folien zwischen durch abgewaschen und abgetrocknet werden.

Zum Schluß Augen, Nase und Mund des Jungen und der Schneemänner sowie die Verbindung von Nikolaus und Schlitten mit einem feinen Haarpinsel aufmalen. Die Farben nach dem Trocknen ca. drei Minuten lang einbügeln.

SCHWIERIGKEITSGRAD
Erfordert etwas Geschicklichkeit sowie Bastel- und Nähkenntnisse

ARBEITSZEIT
Ca. 1 Stunde

HERSTELLUNGSPREIS
2,– bis 3,– DM

AUSFÜHRUNG
Den Schneemannkörper viermal aus weißem Filz ausschneiden und an den Rändern mit Reihgarn leicht einhalten. Dann die 8 Ärmchen an den Rändern zusteppen, leicht mit Bastelwatte ausstopfen und oben schließen. Die Ärmchen an die Körper heften.
Nun vom blau gemusterten Stoff ein 35 x 40 cm großes Rechteck abschneiden. Auf die 35 cm lange Seite die noch kopflosen Schneemänner so nebeneinander feststecken, daß am untersten Stoffrand 2 cm und rechts und links noch je 1 cm frei bleiben.
Die 4 Schneemänner gleichmäßig

beiden Stoffröhren schieben, daß außen wie innen am Dosenboden der Stoff 2 cm übersteht. Diese 2 cm zuerst senkrecht, im Abstand von etwa 1 cm einschneiden und am Dosenboden festkleben. Im Doseninneren verfährt man genauso. Die beiden bezogenen Pappscheiben zum Versäubern darüberkleben.
Die 4 Schneemänner mit Bastelwatte füllen. Dann am Hals zunähen und die Wattekugeln als Kopf aufkleben.
Nach dem Trocknen den roten Schal an Hals und Kopf festkleben und vorne binden.

GESCHENKDOSEN MIT SCHNEE- UND WEIHNACHTSMÄNNERN

HILFSMITTEL
Alleskleber; Nähgarn; Schere

VORLAGEN
Schneemann: S. 104, J 1–J 8
Weihnachtsmann: S. 104, J 9–J 16

GESCHENKDOSE: „SCHNEEMÄNNER“

MATERIAL
Dose 8,5 cm Ø, Höhe 8,5 cm; 35 x 50 cm; Filz: Weiß, 10 x 35 cm, Schwarz, 8 x 24 cm, Rot, 4 x 12 cm, Orange, 4 x 4 cm; 2 Stück. Pappe 7 cm Ø, Kordel: Rot, 35 cm; Bastelwatte; 8 kleine schwarze Perlen, 4 Wattekugeln: Weiß, 2,5 cm Ø (Köpfe)

ausrichten, rundherum bis auf etwa 2 cm am Hals feststeppen. Die Ärmchen bleiben frei hängen. Danach das Rechteck an der 40 cm langen Seite zu einem Schlauch zusammennähen. Den oberen Rand so weit nach innen stülpen, daß eine 20 cm hohe Doppelröhre entsteht. Für die Tunnelnaht 4 cm vom oberen Rand rundherum 2 Nähte im Abstand von 1 cm anbringen. Die äußere senkrechte Naht zum Einziehen der Kordel etwas auftrennen.
Die beiden 7 cm Ø großen Pappscheiben einseitig mit einem 9 cm Ø großen Stoffkreis beziehen. Die Dose nun so weit zwischen die

Jeder Körper bekommt 2 schwarze Knöpfe. Für den Zylinder 4 Röhren aus den schwarzen Filzstreifen (2 x 8 cm) kleben. Diese Röhren kommen auf die Hutkrempe und werden mit dem Hutdeckel geschlossen. Auf den Schneemannkopf kleben. Die Nase aus dem orangefarbenen Filzsegment kleben. Die Augen sind schwarze Perlen.

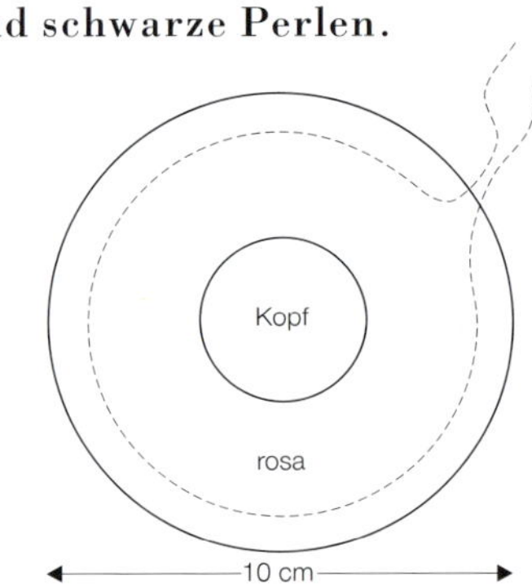

GESCHENKDOSE: „WEIHNACHTSMÄNNER“

MATERIAL

Dose 10 cm Ø, Höhe 12 cm Baumwollstoff: Grün gemustert, 40 x 60 cm; Filz: Rot 10 x 35 cm, Rosa 10 x 10 cm, Weiß 6 x 25 cm, Braun 8 x 30 cm, Schwarz 1 x 10 cm; 30 cm Kordel: Rot; Bastelwatte; Wattekugeln: Weiß, 1 x 3,5 cm Ø (Kopf), 1 x 1,5 cm Ø (Pompon), Rosa, 1 x 1,0 cm Ø (Nase); 2 schwarze Perlchen (Augen); 2 Pappscheiben 9,5 cm Ø ;

AUSFÜHRUNG

Zuerst alle Filzteile für den steppen. (Der Stoffstreifen zum Beziehen der Dose ist 40 x 47 cm groß.) Einen Abstand von etwa 2 cm zwischen Stiefel und Stoffrand lassen. Danach die 47 cm hohe Stoffröhre zusammennähen und wenden. Der obere Rand der Stoffröhre so weit nach innen schlagen, daß eine Doppelröhre von 23,5 cm entsteht. Für die Durchziehkordel 4 cm vom oberen Rand rundherum zwei Nähte im Abstand von 1 cm anbringen (Tunnelnaht). Die äußere senkrechte Naht zum Einziehen der Kordel etwas auftrennen. Die beiden 9,5 cm Ø großen Pappscheiben einseitig mit einem Die Dose nun so zwischen die beiden Stoffröhren stecken, daß außen wie innen am Dosenboden 2 cm überstehen. Diese 2 cm zuerst senkrecht einschneiden und am Dosenboden (wieder innen und außen) festkleben. Darüber kommen die beiden bezogenen Pappscheiben. Festkleben. Der Kopf des Weihnachtsmannes mit rosa Filz beziehen (s. Abb.). Den „Bauch“ leicht mit Bastelwatte ausstopfen und den Kopf am Mantelkragen festnähen. Das Gesicht wird mit Bart, Nase und Augen beklebt. Obenauf kommt die Mütze. Den 1,5 cm breiten weißen Filzstreifen rund um

Weihnachtsmann ausschneiden. Stiefel rundherum steppen, leicht mit Bastelwatte ausstopfen, und die obere Öffnung schließen. Den 1,5 cm breiten weißen Filzstreifen wie auf der Zeichnung ankleben. Handschuhe und Ärmel miteinander vernähen, rundherum absteppen und wieder leicht mit Bastelwatte ausstopfen. Die obere Öffnung schließen, und den weißen 1,5 cm breiten Filzstreifen über die rot/braune Naht kleben. Den Mantel an den angegebenen Stellen auf 7 cm bzw. 3 cm einhalten. Arme und Stiefel an den Mantel heften und den noch kopflosen Weihnachtsmann in die Mitte des 40 cm breiten Stoffes 12,5 cm Ø großen Stück grünen Stoffs beziehen. Für die Fläche den Alleskleber sehr sparsam verwenden. den Mützenrand kleben. Pompon nicht vergessen. Die Händchen mit einigen Stichen am Stoff festnähen.

SCHWIERIGKEITSGRAD
Im Falten exakt Arbeiten, ansonsten ganz einfach und zur „Massenproduktion“ geeignet.

ARBEITSZEIT
Pro Karte (ohne Vorbereiten der Quadrate) knapp 10 Minuten

HERSTELLUNGSPREIS
Je nach Passpartoutkarten, die gekauft oder selbstgemacht werden können. Es kann durchaus gebrauchtes Geschenkpapier verwendet werden.

WEIHNACHTSKARTEN AUS GESCHENKPAPIER

MATERIAL
Mehrere Bögen weihnachtliches oder neutrales Geschenkpapier; Passpartoutkarten: Weiß oder zum Geschenkpapier passend

HILFSMITTEL
Schere; Stecknadeln; Alleskleber; Lineal

AUSFÜHRUNG
3–4 farblich zueinanderpassende Geschenkpapiere in 5 x 5 cm große Quadrate schneiden. Jedes Quadrat zum Rechteck falten, die rechte und linke Ecke bis zur Mitte falten, so daß ein rechtwinkliges Dreieck entsteht.

Den Passpartoutausschnitt der Karte auf das Blatt übertragen, das abschließend hinter das Passpartout geklebt wird.
Der Ausschnittmittelpunkt ist Ausgangspunkt für das Aufkleben der gefalteten Teile. Vier Teile mit den Spitzen des rechten Winkels so zusammenlegen, daß die Faltungen nach oben liegen und ein Quadrat entsteht (s. Abb.).

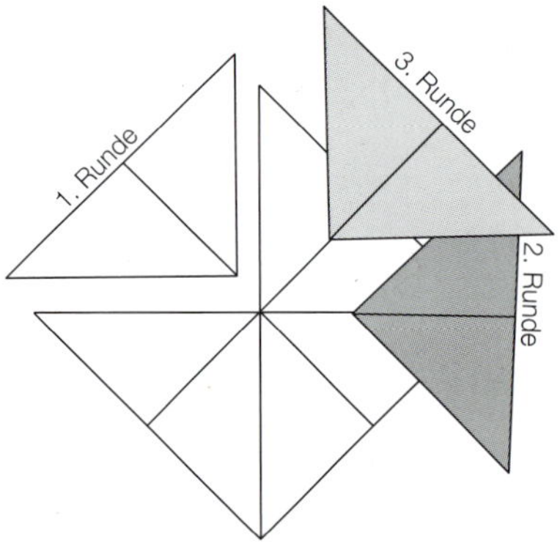

Vor dem Kleben die Teile erst mit Stecknadeln fixieren.
Jeweils vier Dreiecke bilden eine Runde. Die 2. Runde so aufkleben, daß die Spitzen mit ca. 3 mm Abstand exakt auf die Anstoßlinie der vorigen Lage treffen. Die 3. Lage entspricht der ersten, wobei die Dreiecke wiederum 3 mm nach außen versetzt werden.
Etwas über die Ausschnittgröße hinausarbeiten, und mit Hilfe des Passpartouts die Arbeit kontrollieren. Die fertige Karte einpassen und festkleben.

SCHWIERIGKEITSGRAD

Je nach Motiv einfach bis etwas anspruchsvoller

ARBEITSZEIT

Ca. 30 Minuten pro Karte (ohne zwischenzeitliches Trocknen)

HERSTELLUNGSPREIS

Ca. 2,– DM

AUSFÜHRUNG

Das Motiv oder mehrere Motive mit leichtem Bleistiftstrich auf den Stoff malen. Das Batikwachs in eine leere Blechdose geben und auf einer Kochplatte im Wasserbad erhitzen lassen. Beginnt das Wachs zu rauchen, ist es überhitzt, die Temperatur muß reduziert werden.
Den Stoff auf Zeitungspapier legen und mit dem Borstenpinsel mit Wachs an jenen Stellen bedecken, die weiß bleiben sollen. Den Stoff in die erste, helle, gemäß Gebrauchsanleitung angesetzte Farbe tauchen. Nach dem Trocknen die Teile der ersten Farbe bedecken, und das Stoffteil in eine dunklere Färbung tauchen. Dieser Vorgang kann mehrere Male wiederholt werden.
Nach dem letzten Trocknen das Wachs zwischen altem Zeitungspapier ausbügeln. Eventuelle Wachsrückstände werden durch Einlegen in Reinigungsbenzin entfernt.
Die fertigen Batikmotive werden in Kartengröße zugeschnitten und mit Klebestift auf die vordere Seite der Klappkarte geklebt.
Und noch ein Tip: Angesetzte Farben lassen sich in Schraubgläsern eine Weile aufheben.

FEINE BATIKKARTEN

MATERIAL

Baumwollbatist oder Pongéseide; Batikwachs; einige hellere und dunklere Batikfarben; Klappkarten mit Umschlag

HILFSMITTEL

Bleistift HB; Borstenpinsel Nr. 10; Kochplatte; 1 alten Kochtopf; 1 alte Blechdose; altes Zeitungspapier; Bügeleisen; Klebestift; Schere; 1 alter Eimer

VORLAGEN

S.104, N 1–N 5

WEIHNACHTLICHE KARTEN AUS WELLPAPPE

SCHWIERIGKEITSGRAD

Einfach

HERSTELLUNGSZEIT

Einige Minuten. Material und Muster eines Exemplares genau erstellen und dann in Serie arbeiten!

HERSTELLUNGSPREIS

Sehr gering, da bereits vorhandene Materialien mitbenutzt werden können: zwischen 0,25 DM und 0,50 DM

MATERIAL

Bunte Wellpappe (entweder aus dem Fachhandel oder mit Acrylfarben selbst bemalt): Gold, Blau, Grün; Fotokarton: Rot, Weiß, Blau; blaumarmorierter Karton; Tonpapier: Grün; Glanzglitter: Gold; 1 selbstklebendes Goldsternchen ca. 10 mm Ø, ca. 1 m Goldkordel; ein Stück Vliesofix; 1 Goldquaste

HILFSMITTEL

Schere, Klebstoff, Lineal, ein brauner Filstift

VORLAGEN

S.104, O 1–O 5

AUSFÜHRUNG

Karten von links unten nach rechts:

ROTE KARTE MIT TANNENBAUM

Roten Tonkarton in der Größe 15x 19,5 cm schneiden und in der Mitte falten. Aus grüner Wellpappe Tannenbaum ausschneiden (siehe Vorlage), in der Mitte falten und mit Klebestift auf die rote Karte kleben. Bitte den Längsverlauf der Wellpappe beachten. Als Verzierung mit Glanzglitter in Gold die Konturen des Baumes umfahren.

WEIßE KLAPPKARTE MIT TANNENBAUM

Weiße Karte in der Mitte falten (hierfür eignen sich sehr gut auch unbeschriftete weiße Karteikarten, die sehr preiswert sind). Aus grünem Tonpapier einen Faltschnitt herstellen (siehe Vorlage) und in die Innenseiten der Karte kleben, Baumstamm mit braunem Filzstift und Sternchen ergänzen. Diese weiße Klappkarte wird nun in die rote Karte mit dem grünen Weihnachtsbaum gesteckt.

MONDKARTE

Weißes Kartenpapier oder einfach eine Karteikarte in der Größe 15 x 19cm zuschneiden, an beiden Seiten 4 cm abmessen, falzen und nach innen falten. zwei Monde ausschneiden und nur auf einer Seite ankleben, damit die Karte geöffnet werden kann. Es können für die Monde natürlich auch Papiere eigener Wahl verwendet werden. In der Abbildung wurde marmorierter Karton und goldgestrichene Wellpappe benutzt. Die kleine Ecke war ein Reststück. Zum Beschriften legt man ein Stück Tonpapier in einer Kontrastfarbe, hier in blau, in die Mitte.

DEKO-TIP:

Die Karten einzeln in Klarsichttütchen stecken. Sie können auch im Fünferpack zum Sonderpreis angeboten werden. Den Basarstand mit Schreibutensilien wie alten Federhaltern, Tintenfaß oder einem Postsack präsentieren.

BLAUE PÄCKCHENKARTE
Zuschnitt aus blauer Wellpappe wie Mondkarte. Zwei kleine Päckchen aus goldfarbener Pappe falten, mit fotokopierten Texten verzieren und aufkleben. Unter das goldenen Einlegeblatt könnte zum Beschriften noch ein zweites in weiß eingelegt werden.
Mit Goldkordel umwickeln.

BLAUE KARTE MIT GOLDSTERNEN
Aus blauer Wellpappe eine 15 x 21 cm große Karte zuschneiden, in der Mitte falten. Mit Schablonen (siehe Vorlage) Goldsterne aufstupfen oder sprühen. Einlage: weißes Papier zum Beschriften. Mit Goldkordel umwickeln.

STERNKARTE MIT QUASTEN
Aus Elefantenhaut oder anderem Papier ein 15 x 21 cm großes Stück zuschneiden und in der Mitte falten. Zwei unterschiedlich gemusterte Sterne ausschneiden, aufkleben und mit Quaste festnähen. Bei der Karte auf der Abbildung wurde goldene Wellpappe benutzt und Stoff.

SCHWIERIGKEITSGRAD

Einfach

ARBEITSZEIT

Pro Briefkarte ca. 15 Min.

HERSTELLUNGSPREIS

Pro Briefkarte ca. 0,30 DM–0,40 DM (plus Schmuckstein) (Aus 0,5 x 0,5 m Metallfolie erhält man ca. 30–35 Objekte, aus einem Fotokartonbogen 70 x 50 cm – ca. 1,80 DM – 9 Briefkarten)

AUSFÜHRUNG

Die Vorlagen mit Büroklammern an der Metallfolie fixieren, auf eine dicke Schicht Zeitungspapier legen, fest mit einem Stift nachfahren und gut sichtbar auf die Folie übertragen.
Mit einer spitzen Schere so ausschneiden, daß die Begrenzungslinien noch sichtbar sind. Die Linien noch einmal mit einem Stift nacharbeiten. Schöne, plastische Ergebnisse lassen sich erzielen, wenn man die Linien abwechselnd von beiden Seiten bearbeitet. Für die Bänder am Kranz die roten Teile ausschneiden und mit Klebstoff fixieren.
Die Schmucksteine in der Mitte der Ornamente aufkleben.
Für die Briefkarten aus Fotokarton 21 x 15 cm, für die kleineren Geschenkanhänger 11 x 8 cm große Rechtecke ausschneiden. Zu einer Doppelkarte falten. Zieht man die Knicklinie vorher einmal fest mit dem Falzbeil durch, so erhält man eine schön saubere Linie.
Die Metallfolienobjekte auf die Karten kleben und ein paar Stunden unter einem schweren Buch trocknen lassen.
Bei den Geschenkanhängern noch Wollrestfäden zum Aufhängen anbinden.

WEIHNACHTSKARTEN MIT METALLFOLIENOBJEKTEN

MATERIAL

Metallfolie: Rot und Gold; Fotokarton in verschiedenen Farben; Schmucksteine; Wollreste

HILFSMITTEL

Bleistift; Büroklammern; Zeitungen; Klebstoff; kleine, spitze Schere; Falzbeil; Schere

VORLAGEN

S. 104, P 1–P 6

SCHWIERIGKEITSGRAD
Einfache Bastelkenntnisse, sauberes Ausschneiden erforderlich

ARBEITSZEIT
Je Karte oder Briefpapier einige Minuten, am besten für mehrere Karten die Einzelteile vorbereiten

HERSTELLUNGSPREIS
Ca. 0,50 DM

WINTERLICHES BRIEFPAPIER

MATERIAL
Briefpapier: Weiß, Blau; gekaufte Briefkaften; Fertigsternchen; Tonpapier: Blau, Hellgrün, Dunkelgrün; Goldpapier; Abfallpapier von Illustrierten

HILFSMITTEL
Schere; Papierkleber

VORLAGEN
S. 104, Weihnachtsmann: Q 1–Q 6;Tannenbäumchen: Q 7–Q 13

WEIHNACHTSMANN AUF DEM SCHLITTEN
Das Motiv „Rodelbahn“ ausschneiden und aufkleben. Den Nikolaus ausschneiden und hinter dem Schlitten fixieren. Den Schlitten plazieren und befestigen. Bäumchen, Tannen und Schleifen erst hinlegen, dann festkleben.

TANNENBÄUMCHEN – BRIEFPAPIER
Zwei Streifen Tonpapier ausschneiden (130 x 13 mm und 175 x 16 mm). Jeweils dreimal untereinander halbe Tannenbäume aus den Streifen schneiden (nicht ganz abschneiden), umklappen und festkleben. Sternchen aufbringen, die auf rotes Papier geklebt und dann ausgeschnitten werden. Tannenbäumchen in hell- und dunkelgrün ausschneiden, je nach Geschmack verteilen und festkleben. Die Karte verzieren.

HIMMEL UND STERNE
Weißes und blaues Papier in Wellenlinien zerschneiden. Die Teile werden leicht auseinandergezogen, ein bißchen verschoben und dann festgeklebt. Die überstehenden Teile abschneiden. In die Zwischenräume goldene Sternchen und Locherpunkte verteilen.

Tischdekorationen aus Salzteig

SALZTEIG STERNENSTREIFEN

SCHWIERIGKEITSGRAD

Sehr einfach

ARBEITSZEIT

Ca. 30 Minuten

HERSTELLUNGSPREIS

Etwa 5,– DM (ohne Kerzen)

SALZTEIG

ZUTATEN

2 kleine Tassen Mehl; 1 kleine Tasse Salz; 2 kleine Tassen Wasser (unbedingt kochend); 1 Teelöffel Öl

VORLAGEN

S. 104, R 1–R 3

AUSFÜHRUNG

Mehl, Salz, Öl und kochendes Wasser zu einem geschmeidigen Teig verarbeiten. Das gewünschte Sternobjekt herstellen, und eine Nacht trocknen lassen. 2 Std. bei 100° C im Backofen auf Backtrennpapier backen. Nach dem Erkalten mit Klarlack bestreichen.

STERNENSTREIFEN

ZUTATEN/MATERIAL

Zutaten für Salzteig (s.o.); 1 Tütchen Gewürznelken ganz; Klarlack auf Wasserbasis; Ausstechformen für Plätzchen: 3 Sterne Ø 7 cm, Ø 5,5 cm, Ø 3,5 cm; 4 Stücke Küchenpapierrolle: Ø 4,5 cm und etwa 3 cm hoch; 4 Kerzen

AUSFÜHRUNG

Salzteig auf etwa 0,5 cm ausrollen. Als Unterbau 5 große und 8 mittlere Sterne nach dem Arbeitsschema anordnen.

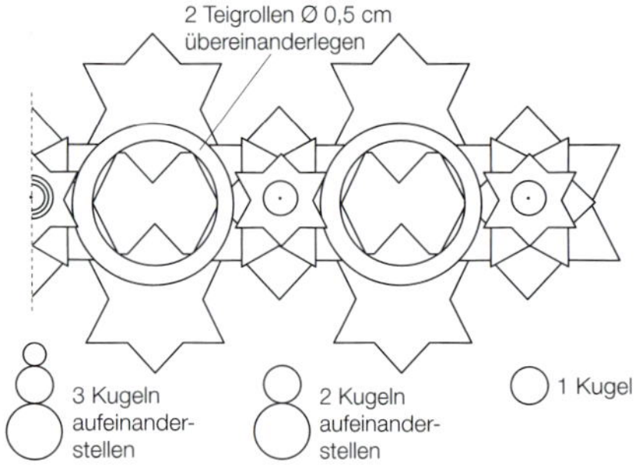

Darauf die 4 Küchenpapierrollen als Platzhalter für die Kerzen stellen. Um diese Zylinder bündig je 2 Teigrollen von etwa 0,5 cm Ø übereinanderlegen. 5 mittelgroße Sterne zwischen die Türmchen und an jedes Ende legen. Die Sterne an den Außenwänden der Türmchen etwas hochdrücken. Darauf kommen zuerst 5 kleine Sterne und auf diese 9 unterschiedlich große Kügelchen, wie auf der Abbildung angegeben. Zum Schluß in die obere Teigrolle ringsherum dicht an dicht die Gewürznelken stecken.
Nach dem Trocknen (über Nacht) die Papptürmchen vorsichtig entfernen. Backen wie angegeben! Die Stärke der Kerzen kann erst nach dem Backen bestimmt werden, da das Objekt etwas „eingeht".

STERNENKRANZ

ZUTATEN/MATERIAL

Zutaten Saltzteig (s.o.); 1 Tütchen Gewürznelken ganz; Klarlack auf Wasserbasis; 2 Sternausstechformen: Ø 5,5 cm und 3,5 cm; 4 Streifen Karton etwa 10 x 4 cm; 4 Kerzen

AUSFÜHRUNG

Aus zwei fingerdicken Teigrollen, die man umeinander schlingt, einen Kranz von etwa 17 cm Außendurchmesser formen. Die 4 Kartonstreifen zu Röhren von etwa 3 cm Ø verkleben. Um jede Röhre eine Kordel aus zwei etwa 1 cm Ø dicken Teigrollen legen und diese an den Kranz setzen. Für die Sterne wird der Teig etwa 0,5 cm dick ausgerollt. Die 8 großen und 12 kleinen Sterne ausstechen, und wie auf dem Arbeitsschema angebracht (Abb. 2). Auf jeden kleinen Stern wird eine 1,5 cm Ø große Kugel, in die eine Gewürznelke gesteckt wurde, geklebt. Die Teile werden mit Wasser zusammengeklebt. verklebt Nach dem Trocknen die Pappröhren entfernen.

Abb. 2

Adventskalender „Christbaum“

SCHWIERIGKEITSGRAD
Ganz einfach

ARBEITSZEIT
Ca. 30 Minuten

HERSTELLUNGSPREIS
Etwa 10,– DM (anteilig Glitzerfarbe)

MATERIAL
1 1/2 Bogen Tonkarton: Dunkelgrün; 10 x 15 cm Tonkarton: Rot; 8 x 16 cm Tonkarton: Braun; 1 Bogen Goldkarton (evtl. gelber Tonkarton); Glitzerfarbe: Grün und Gold (pro Tube etwa 6,– DM)

HILFSMITTEL
Alleskleber; Schere; Lineal

VORLAGEN
S. 104, Sterne: RR 1 und RR 2; Herz: S 1

AUSFÜHRUNG
Aus 23 dunkelgrünen und einem braunen 16 x 8 cm großen Tonkartonrechteck 24 Röhren kleben. Diese Röhren laut Abbildung aufeinanderkleben. Den so entstandenen Tannenbaum legt man auf einen dunkelgrünen Tonkarton, umfährt die Umrisse mit einem Bleistift u. schneidet diese Fläche aus. Als Rückwand an die Röhren kleben.
Für den Christbaumständer 2 Streifen à 20 x 8 cm, einen 16 x 8 cm und einen 13 x 8 cm großen Streifen aus Goldkarton ausschneiden. Aus den 16 und 13 cm langen Streifen zwei Röhren kleben und ineinander kleben. Die beiden 20 x 8 cm langen Streifen rechts und links wie auf der Abbildung anbringen und am Tannenbaum festkleben. Zum Aufhängen eine Schlaufe aus Kordel an der Rückwand anbringen.
12 rote Herzchen, 11 kleine und einen großen goldenen (gelben) Stern ausschneiden und mit grüner bzw. goldener Glitzerfarbe beschriften. Nach dem Trocknen einen grünen Tonkartonstreifen von 1 x 4 cm an jedes Herzchen bzw. Sternchen ankleben. Oben etwa 1,5 cm umknicken und an die Röhren kleben.
Zum Verpacken der kleinen Adventsgeschenke ist grünes Kreppapier hübsch!

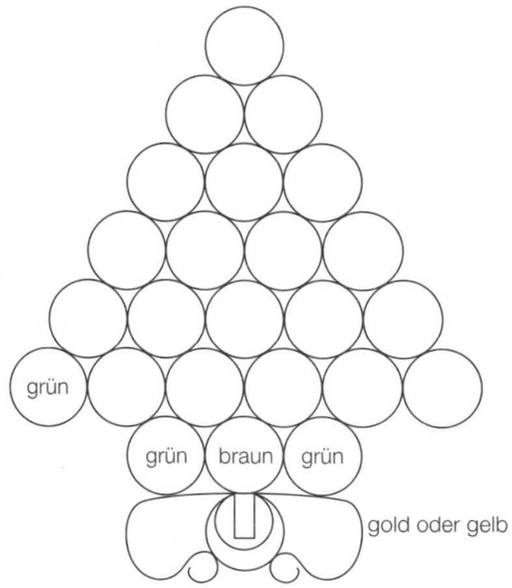

DEKO-TIP:

Am besten – in einem Tannenzweig – hängend präsentieren.

1.
3.
5.
24.
9.
14.
8.
11.
15.
20.
12.
6.
10.
22.
2
16.
4.
23.
18.

Weihnachtsmann im grünen Kreis

Muß sorgfältig und gewissenhaft gearbeitet werden

30–45 Minuten

Ca. 10,– DM

1 Bogen Tonpapier: Dunkelgrün;
1 Bogen Tonkarton: Hellgrün;
Tonpapier: Schwarz, 25 x 10 cm;
Tonpapier: Weiß, 30 x 40 cm;
1 Wattekugel: Ø 5 cm Weiß (Kopf);
1 Wattekugel: Ø 1,5 cm (Pompon);
1 Wattekugel: Ø 1,0 cm Rosa (Nase); Glitzerfarbe: Silber;
2 schwarze Perlen (Augen)

Schere; Alleskleber; Lineal

S.104, T1–T11

Aus hellgrünem Tonkarton einen 28 cm Ø großen Kreis ausschneiden. Auf diesem Teller die 23 Tüten aus dunkelgrünem Tonpapier anordnen und festkleben. Zwischen jede Tüte einen hellgrünen Streifen kleben. Die Tüten selbst werden mit Herzchen und Sternchen aus Glitzerfarbe bemalt. Für den Weihnachtsmann fertigt man zuerst den schwarzen Tonpapierfuß. Auf diese 8 cm hohe Röhre kommt der rote Mantel mit dem Cape. Am Mantelsaum und ums Cape die weiße Umrandung nicht vergessen. Den schwarzen Gürtel mit der beschrifteten Gürtelschnalle legt man um den Bauch des Weihnachtsmanns.
Jetzt muß nur noch der weiße Kugelkopf mit der roten Mütze auf den oberen Mantelrand geklebt werden. Um die Mütze den 2 cm breiten Rand legen, und die Nase, den Bart und die Äuglein ins Gesicht kleben.
Unter dem Weihnachtsmannfuß kann ein kleines Geschenk versteckt werden.

24

SCHWIERIGKEITSGRAD
Einfach

ARBEITSZEIT
Ca. 1 Stunde

HERSTELLUNGSPREIS
Nicht ganz billig, hängt vom Preis des Bandes, der Kordel, der Zweige etc. ab.

DEKO-TIP:

Am hübschesten „tanzt" der Kalender, wenn er frei vom Basarstanddach herabhängen kann.

KIEFERNZAPFENKRANZ ALS ADVENTSKALENDER

MATERIAL

Einige biegsame Zweige für einen 30 cm Ø großen Kranz; 31 Kiefernzapfen; 8 m Band: Tannengrün, 2 cm breit; 5 m Band: Oliv, 2 cm breit; 7 m rote Goldkordel; Glitzerfarbe: Gold; Filz: Rot, 20 x 50 cm, Gelb, 28 x 72 cm, Dunkelgrün, 18 x 66 cm, Braun, 23 x 45 cm, Hellgrün, 16 x 13 cm, Hautfarben, 5 x 4 cm, Weiß,7,5 x 12,5 cm

HILFSMITTEL

Blumendraht; Alleskleber; Nähgarn; Schere

VORLAGEN

S. 104, U 1–U 12

AUSFÜHRUNG

Aus einigen Zweigen und Blumendraht einen Kranz von 30 cm Ø binden. 31 Kiefernzapfen mit Blumendraht am Kranz befestigen. Die 4 olivgrünen Bänder zum Aufhängen sind je etwa 35 cm lang. Wenn diese Bänder befestigt sind, wird der Rest der 5 m zwischen die Kiefernzapfen fest um den Kranz gewickelt.
Die 23 Säckchen (Stern, Herz, Lebkuchen, Apfel) werden ausgeschnitten und am Rand ringsherum zusammengenäht. Jetzt wird hinten in jedes Säckchen ein Schlitz geschnitten. Auf der Vorderseite mit goldener Glitzerfarbe die Adventsdaten schreiben.
An die 5 Apfelsäckchen kommt noch je ein Blatt. Die Säckchen werden mit unterschiedlich langen roten Goldkordeln an den Kranz gebunden. Aus dem tannengrünen Schleifenband werden etwa 20 kleine Schleifen gebunden und zwischen die Kiefernzäpfchen geklebt.
Für den Weihnachtsmann nur die vorgegebene Form zweimal aus rotem Filz ausschneiden und zusammennähen. Auf das vordere Teil Gesicht, Bart usw. aufkleben. Schlitz in den hinteren Teil schneiden und vorn beschriften. Den Weihnachtsmann zwischen die 4 Bänderin die Spitze hängen.

24.
23.
17.
9.

TANNENBAUM UND GELBER STERN

SCHWIERIGKEITSGRAD

Einfach herzustellen (auch für Kinder sehr gut geeignet)

ARBEITSZEIT

Ca. 15 Minuten

HERSTELLUNGSPREIS

Sehr günstig; 1 großer Tonpapierbogen 50 x 68 cm kostet etwa 0,95 DM

MATERIAL

Tonpapier: Dunkelgrün, Braun, Pink, Gelb

AUSFÜHRUNG

Für den Tannenbaum benötigt man 15 dunkelgrüne Doppelringe und einen braunen. Die einzelnen Ringe werden aus 1 cm breiten und 18 bzw. 13 cm langen Tonpapierstreifen hergestellt. Dann werden die Ringe zuerst umeinander und danach aufeinander geklebt (s. Abb. 1).

In jeden Ring kommt eine kleine pinkfarbene Kerze. Sie werden aus 3,5 x 2 cm großen Rechtecken zusammengerollt und haben einen Ø von 1 cm. An zwei sich gegenüberliegenden Stellen die Kerze oben ca. 0,3 cm einschneiden. In diese Schlitze die Flamme stecken, die in Tropfenform zugeschnitten wurde. Für den gelben Stern an der Baumspitze

werden 3 Streifen à1 cm x 8 cm und 6 Streifen à 1 cm x 6 cm benötigt. Die 8 cm langen Streifen werden in der Mitte geknickt und mit der Spitze aneinander geklebt (s. Abb. unten). In die so entstandenen 6 dreieckigen Zwischenräume werden die tropfenförmigen

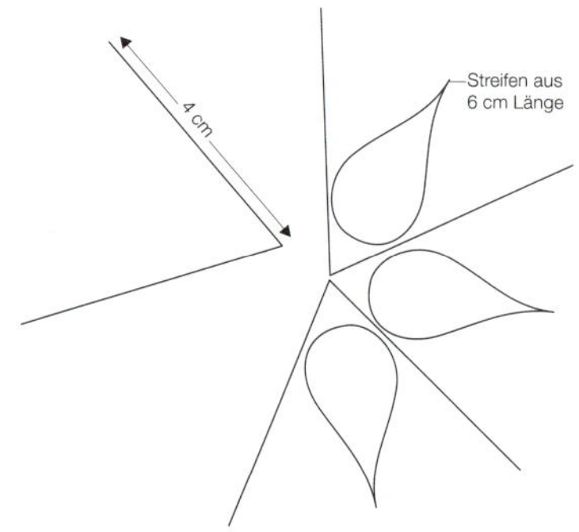

Teile geklebt. Alle äußeren Enden werden mit einem Schnitt abgeschrägt. Der pinkfarbene Stern wird nach dem selben Prinzip hergestellt. Die drei geknickten Streifen sind 10 cm lang, und die Tropfen werden aus 8 cm langen Streifen gefertigt. Für die Anfertigung des großen grünen Sterns müssen zunächst die einzelnen, 1 cm breiten Tropfenformen hergestellt werden: 18 hellgrüne Streifen, 10 cm lang, 6 dunkelgrüne Streifen, 10 cm lang und 6 hellgrüne Streifen, 18 cm lang. Mit 6 kleinen Tropfen bildet man die Mitte. Daran werden die 6 großen und dazwischen nochmals 12 kleine Tropfen geklebt. Zwischen jeweils 2 hellgrüne Formen werden zum Schluß die 6 dunkelgrünen Tropfen geklebt.

SCHWIERIGKEITSGRAD
Ein bißchen Bastelgeschick ist erforderlich

ARBEITSZEIT
Ca. 10–15 Min.

HERSTELLUNGSPREIS
Ca. 0,20 DM pro Schachtel; 70 x 50 cm Bastelfolie kostet ca. 1,60–1,80 DM. Aus einem Bogen erhält man 4 kleine und 4 große Schachteln

muß man jeden Faltschritt viermal (von jeder Ecke einmal) arbeiten, bis man ein gleichmäßiges Gitter erhält. Die Folie, wie in Arbeitsschritt 5, einschneiden. Anschließend Faltgang 6–8 arbeiten. Zum Abschluß die Innenteile in der Schachtel ankleben.

vorher mit einem Falzbeil nach, so erzielt man saubere Kanten. Auf das Innenquadrat die Vorlage übertragen und das Motiv mit einer feinen Schere oder einem Cutter ausschneiden. Nun den Deckel ausarbeiten, an die schraffierten Stellen Klebstoff auftragen und zusammenkleben.

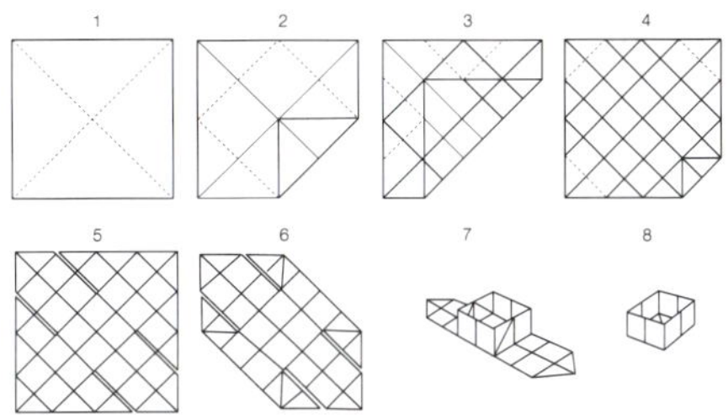

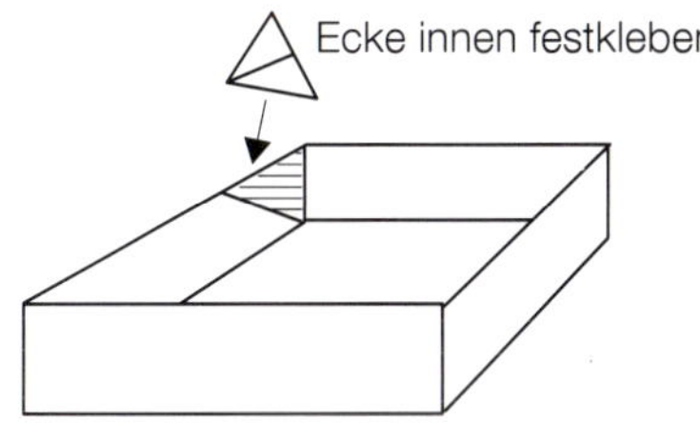

POTPOURRISCHACHTELN

MATERIAL
Bastelfolie: Gold und Rot

HILFSMITTEL
Schere/Cutter; Klebstoff; Falzbeil

VORLAGEN
S. 104, V 1–V 2

AUSFÜHRUNG

UNTERTEIL FÜR GROSSE (KLEINE) SCHACHTEL
Für das Unterteil ein 20 x 20 cm (11 x 11 cm) großes Quadrat ausschneiden und nach der Vorlage falten. Von Abbildung 1, Faltgang 2–4 ,

OBERTEIL FÜR GROSSE (KLEINE) SCHACHTEL
Ein 12,5 x 12,5 cm (8,5 x 8,5 cm) großes Rechteck ausschneiden. Für die Seitenteile an allen 4 Seiten 2,5 cm (2 cm) breite Streifen markieren (siehe Abb unten). Fährt man diese Linien

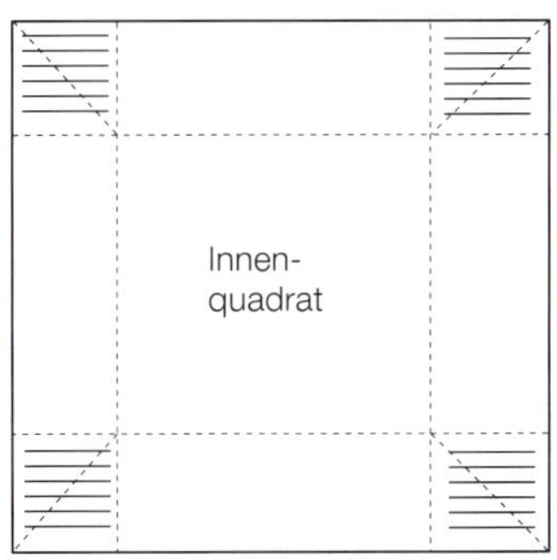

BLAU-WEISS-GOLDENE FENSTERBILDER

SCHWIERIGKEITSGRAD
Ganz einfach bis einfach

ARBEITSZEIT
Ca. 15–30 Minuten

HERSTELLUNGSPREIS
Ein paar Pfennige

MATERIAL
Für alle Fensterbilder: Tonkarton: Blau, Weiß; Goldpapier und goldene Bastelfolie; Filzstift: Gold deckend; selbstklebende Sternchen: Gold; Goldkordel; Stickgarn: Weiß; Nähgarn: Weiß

HILFSMITTEL
Schere; Lineal; Zirkel; Papierkleber; Nadel

VORLAGEN
S. 104, Komet mit Engel: W 1–W 6; Stern mit Sonne: W 7–W 10; Kreis mit Sonne, Mond und Sternen: W 11–W 24; Weiß-Blauer Stern: W 25–W 27

KOMET MIT ENGEL
Alle Teile nach der Vorlage ausschneiden. Soll der Komet frei im Raum hängen, sollten alle Teile doppelt ausgeschnitten werden. Erst den Komet, dann den Engel zusammenkleben. Wenn der Kleber gehärtet ist, ein Loch mittig in den Komet stechen, durch das doppelt gelegtes weißes Stickgarn gezogen wird, an dem der Stern aufgehängt wird. Oben verknoten. Auf der Rückseite des Engelkopfes ein Ende des etwa 9 cm langen Sticktwists festkleben, mit einem Stückchen Papier überkleben, um es zu befestigen und zu versäubern.
Am unteren Teil des Kometen – senkrecht unter dem Aufhänger – die andere Seite des Fadens an- und mit einem Papierstückchen überkleben.
Den weißen Teil des Schweifs am hinteren Ende mit einem selbstklebenden Goldsternchen sowie 3 Locherpunkten Goldpapier verzieren.

STERN MIT SONNE
Den Stern, den inneren Sternkranz sowie die Sonne aus Tonpapier ausschneiden. Den Sternkranz auf den Stern kleben und diesen mit selbstklebenden Sternchen, aus Goldfolie ausgeschnittenen Halbmonden sowie mit weißen und goldenen Locherpunkten verzieren. Den Sternenkranz mit Goldlackstift umranden und verzieren. Mit demselben Stift die Sonne verzieren und mit einem Gesicht versehen.
Hinter den oberen Sonnenstrahl ein Fädchen kleben, das mit blauem Tonkarton zur Stabilisierung überklebt wird. Das andere Ende des etwa 2 cm langen Fädchens hinter den Ausschnitt des Sterns kleben, so daß die Sonne freischwebend im Sternausschnitt hängen kann. Das Fadenende am Stern mit weißem Tonkarton versäubern. An die obere Zacke des Sterns ein Loch stechen, durch das eine lange Goldkordel zum Aufhängen gehängt wird.

KRANZ MIT SONNE, MOND UND STERNEN
Den Kranz aus weißem Tonpapier, die verzierenden Teile wie Sonne, Mond und Sterne sowie die Schleifenteile und Kreise aus blauem Tonpapier ausschneiden. Für die Verzierung der Kerze sowie der Monde und Sterne goldenes Bastelpapier verwenden. Den Kranz hübsch mit allen Teile verzieren. Am oberen Ende des Kranzes, an dem eine Goldfolie zum Aufhängen

befestigt wird, sollten der Halbmond sowie die Sonne angeklebt werden, deren Gesichter zuvor mit einem Goldlackstift verziert wurden. Am unteren Kreisrand sollte die Schleife sitzen, die ebenfalls – wie auch der weiße Kranz – mit Goldlackstift verziert wird. Einige selbstklebende goldene sowie blaue Locherpunkte dekorativ verteilen.

WEIß-BLAUER STERN
Zunächst den Grundstern aus blauem Fotokarton ausschneiden, dann den weißen Ornamentenstern, der auf die Grundform geklebt wird. Den weißen Stern mit selbstklebenden goldenen Sternchen dekorieren sowie mit einem blauen Mittelstern, der etwas größer geschnitten ist als der selbstklebende goldene Stern in der Mitte. Zum Aufhängen der Fensterbilder ein doppelt gelegtes Fädchen auf der Rückseite einer Sternenspitze festkleben und mit einem Stückchen weißen Fotokarton versäubern.

DEKO-TIP:

Hängend am Stand befestigen, entweder am seitlichen Basarstand, von oben herunter oder an die hintere Wand.

SCHWIERIGKEITSGRAD
Einfach

ARBEITSZEIT
Einige Minuten

HERSTELLUNGSPREIS
Pro Engel ca. 2,– DM

HIMMLISCHE ENGELSSCHAR AUS TONPAPIER

MATERIAL
Kiefernzapfen (natur oder silberfarbig gestrichen); Silberkordel; Wattekugeln: Weiß, 2 cm Ø; Tonpapiere: Maisgelb, Hellgelb, Mittelblau, Hellblau, Dunkelgrün, Hellgrün, Dunkelviolett, Hellviolett; Tonkartonreste: Dunkelblau, Dunkelgrün, Hellgrün, Pink; Streusterne: Gold, 0,5 cm Ø

HILFSMITTEL
Alleskleber; Schere; Lineal; dicke Nadel

VORLAGEN
S. 104, Blauer Engel: X1–X 3; 2 grüne Engel: X 4–X 10; Violetter Engel: X 11–X 12

AUSFÜHRUNG

ENGEL AUS KIEFERZÄPFCHEN
Dem Engel zuerst das Röckchen ankleben. Die Schuppen des Zapfens zeigen nach unten. Es geht leichter, wenn die unteren 6–8 Schuppen etwas zusammengedrückt werden, bevor der Halbkreis für das Röckchen herumgelegt und festgeklebt wird. Die beiden Arme stecken auf halber Höhe zwischen den Schuppen, und der hellgelbe Stern aus Tonpapier klebt an den Engelhänden. Den Wattekugelkopf ankleben und die Haare anbringen. Dazu fünf silberne 25 cm lange Zierkordelfäden nehmen und sie mit einem Ende im Nacken des Engels festkleben. Wenn diese Klebestelle trocken ist, die fünf Kordeln spiralförmig um die Wattekugel kleben. Die Kordelstücke können dabei leicht um sich selbst gedreht werden. Damit die Flügel bei dieser Arbeit nicht stören, werden sie erst zum Schluß am Engelrücken (Mitte des Kiefernzapfens) befestigt.

BLAUER ENGEL IM HALBMOND
Papierteile 1–3 ausschneiden. Den Halbmond mit den Spitzen auf die schraffierten Flächen der dunkelblauen Scheibe kleben. Dann den blauen Engel in den verbliebenen Ausschnitt nur mit den unteren Flächen seiner Flügel ankleben. 12 Sternchen auf den blauen Hintergrund verteilen. Drei hellgelbe Tonpapiersterne an den „Mondrücken“ kleben. Zum Aufhängen eine 15 cm lange Zierkordelschlaufe anbringen. Dazu mit einer dicken Nadel ein Loch durch Mond und Scheibe bohren und die Kordel durchziehen.

ZWEI GRÜNE ENGEL AUF ORANGEFARBENEN STERNEN
In die orangenen Sterne werden an den angezeichneten Stellen Löcher gestochen. Auf den großen und den mittleren Stern je einen grünen Engel am Rocksaum festkleben. Dann 1 m Silberzierkordel durch den größten Stern von unten

durch die beiden Löcher ziehen, an beiden Seiten des Engels hochführen, und am Oberkopf verknoten. Diesen Knoten festkleben.
Beide Enden werden nach etwa 3 cm nochmals miteinander verknotet. Jetzt die beiden Kordeln wieder getrennt von unten durch die Löcher des mittleren Sternes führen und weiter wie beim ersten Engel verfahren. Beim kleinsten Stern eine Schlaufe zum Aufhängen bilden.

VIOLETTER ENGEL IM TANNENBAUM

8 pinkfarbene Kerzen mit je einem Streusternchen bekleben und auf die Spitzen der Tannenäste verteilen. Den Baum in der Mitte leicht knicken und auf die getrichelte Linie der gelbgrünen Scheibe (s. Vorlage) kleben.
Den violetten Engel in den so entstandenen Winkel stellen. Zum Aufhängen eine etwa 15 cm lange Schlaufe aus Silberzierkordel am Oberteil des Engelkopfes befestigen.

KLEINER GOLDSTERN

MATERIAL

Messingdraht, ca. 0,90 m lang;
14 Glasstäbchen: Gold, 1,5 cm lang;
7 Wachsperlen: Weiß, Ø 6 mm;
7 Wachsperlen: Weiß, Ø 8 mm;
70 Indianerperlen: Glasklar, Ø 2,5 mm

AUSFÜHRUNG

Zacken: 4 Indianerperlen, 1 Goldstäbchen, 1 Indianerperle, 1 Wachsperle 6 mm, 3 Indianerperlen nacheinander aufziehen, alle Perlen an ein Drahtende schieben, und den Draht durch die Wachsperle (6 mm) zurückfädeln; 1 Indianerperle, 1 Goldstäbchen, 3 Indianerperlen auffädeln. Diese Arbeitsschritte 6 x wiederholen. Den Ring schließen, indem der Draht durch die erste aufgefädelte Indianerperle gezogen wird.
Innenkreis: 1 Wachsperle (8 mm) aufziehen, und den Draht durch die mittlere der Indianerperlen ziehen. Diesen Arbeitsschritt 6 x wiederholen und die Drahtenden miteinander verdrehen.

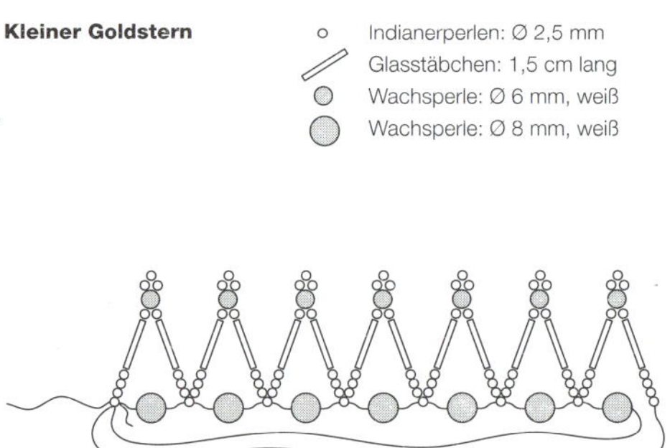

Abb. 1

GROßER GOLDSTERN

MATERIAL

Messingdraht: ca. 1,0 cm lang;
12 Glasstäbchen: Gold, 1,5 cm lang;
36 Wachsperlen: Weiß, Ø 4 mm;
42 Perlen: Gold, Ø 4 mm;
12 Perlen: Gold, Ø 5 mm;
6 Wachsperlen: Weiß, Ø 6 mm;
6 Wachsperlen: Weiß, Ø 8 mm

AUSFÜHRUNG

Zacken: 1 Goldperle 4 mm, 2 Wachsperlen 4 mm, 1 Goldperle 5 mm, 1 Glasstäbchen, 1 Wachsperle 6 mm, 3 Goldperlen 4 mm aufziehen und bis zum Drahtende schieben. Den Draht über die Wachsperle 6 mm zurückfädeln; 1 Glasstäbchen, 1 Goldperle 5 mm, 2 Wachsperlen 4 mm aufziehen.
Diese Arbeitsschritte 5 x wiederholen und den Ring schließen, indem der Draht durch die erste Goldperle gezogen wird.
Innenkreis: 1 Wachsperle 4 mm, 1 Wachsperle 8 mm, 1 Wachsperle 4 mm auffädeln, und den Draht anschließend durch die Goldperle 4 mm des nächsten Zackens ziehen. Diese Arbeitsschritte 5 x wiederholen.
Innenbögen:
6 Goldperlen auffädeln, den Draht durch die Goldperle 4 mm, Wachsperle 4 mm, Wachsperle 8 mm, Wachsperle 4 mm und Goldperle 4 mm des nächsten Abschnittes des Innenkreises ziehen. Diese Arbeitsschritte 2 x wiederholen und die Enden des Drahtes miteinander verdrehen.

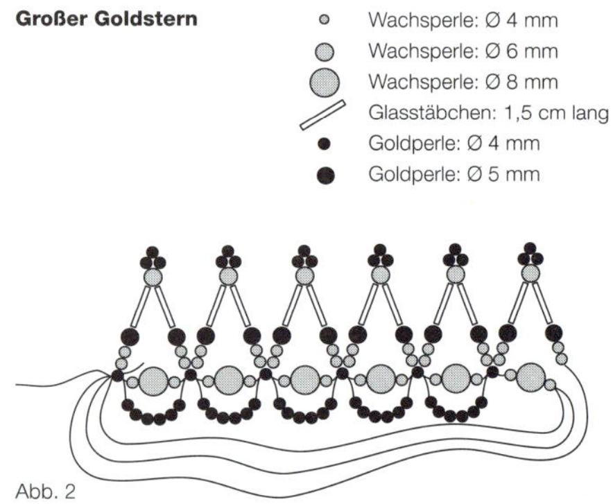

Abb. 2

DREI KLEINE BLAUE STERNE

MATERIAL

Für einen Stern:
Messingdraht: ca. 1 m lang;
14 Glasstäbchen: Transparent, 2 cm lang, Regenbogen;
203 Indianerperlen: Glasklar, Ø 2,5 mm; 3 x 7 Perlen von 4-5 mm Ø: entweder Wachsperlen: Weiß, 4 mm oder Wachsperlen: Blau, 4 mm oder Indianerperlen: Transparent, 5 mm, Regenbogen

AUSFÜHRUNG

Die 14 Goldstäbchen und die 203 Indianerperlen werden bei jedem Stern in der gleichen Weise aufgefädelt. Bei den jeweils sieben anderen Perlen eines Ringes kann man von Stern zu Stern und von Ring zu Ring abwechseln und damit dem Stern ein immer neues Aussehen geben. Mit den äußeren Zacken beginnen und den Innenkreis, die Innenbögen sowie zum Schluß einen kleinen Innenkreis bilden. Den Ring dreimal schließen, indem der Draht durch die erste aufgefädelte Indianerperle gezogen wird. Bevor die letzten sieben Perlen des Innenkreises aufgefädelt werden, muß der Draht durch sechs Indianerperlen des ersten Innenbogens gezogen werden. Um den letzten

Ring zu schließen, wird der Draht durch die sechste Indianerperle des ersten Innenbogens gezogen und verknotet. Die Anzahl der aufgefädelten Perlen kann der Zeichnung entnommen werden.

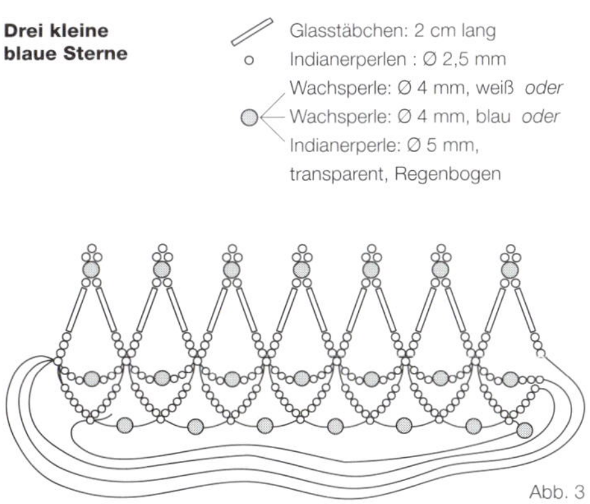

Abb. 3

GROßER BLAUER STERN

MATERIAL

Messingdraht: ca. 1,30 lang; 77 Indianerperlen: Ø 3 mm, Regenbogen; 203 Indianerperlen: Glasklar, Ø 2,5 mm; 28 Wachsperlen: Weiß, Ø 4 mm; 14 Glasstäbchen: Transparent, 2 cm lang, Regenbogen

AUSFÜHRUNG

Bei diesem Stern wölbt sich das Innere leicht nach vorne. Man beginnt auf dieser Seite mit den äußeren Zacken und arbeitet mit weiteren fünf Ringen zur Mitte hin. Wie der Stern nach und nach entsteht verdeutlicht die Skizze.

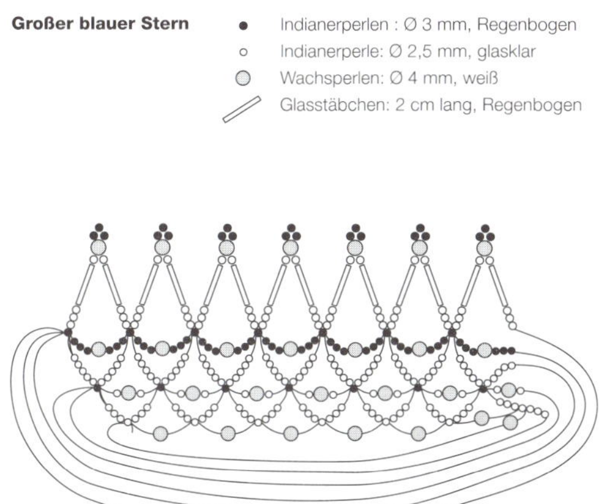

Abb. 4

Folienschmuck und Strohsterne

SCHWIERIGKEITSGRAD

Folienschmuck: einfach
Je nach Stern: einfach bis schwierig

ARBEITSZEIT

Für ein Teil braucht man ca. 5 Min. Etwas schwierigere Sterne dauern entsprechend länger

HERSTELLUNGSPREIS

1 x 0,5 m Metallfolie kostet ca. 10,– DM. Bastelstrohalme kosten ein paar Pfennige

FOLIENSCHMUCK

MATERIAL:

Metallfolie: Rot und Gold; dünner Golddraht,

HILFSMITTEL

Bleistift; Büroklammern; Zeitungen; Klebstoff; kleine, spitze Schere

VORLAGEN

S. 104, Y 1–Y 4

AUSFÜHRUNG

Die Vorlagen mit Büroklammern an der Metallfolie fixieren, auf eine dicke Schicht Zeitungspapier legen, mit einem Stift nachfahren und gut sichtbar auf die Folie übertragen. Mit einer spitzen Schere so ausschneiden, daß auch die Begrenzungslinien erhalten bleiben. Die Linien noch einmal mit einem Stift nacharbeiten. Schöne, plastische Ergebnisse lassen sich erzielen, indem man die Linien abwechselnd von verschiedenen Seiten bearbeitet. Für die Trommel die Teile aus roter Folie ausschneiden und mit Klebstoff anbringen. Golddraht so befestigen, daß die Objekte daran aufgehängt werden können.

DEKO-TIP:

Folien- und auch Strohsterne können hängend am Basarstand angebracht werden, auf dem Verkaufstisch liegen oder in einer Vase arrangiert sein. Man kann sie auch auf Geschenkpäckchen legen oder auf Karten kleben.

STROHSTERNE

MATERIAL

Bastelstrohhalme: Natur

HILFSMITTEL

Strohspalter , Legeform mittelgroß (beides im Bastelgeschäft erhältlich); kleine Schüssel; spitze Schere; Bindfaden

AUSFÜHRUNG

Die Strohhalme werden durch den Strohspalter geschoben; dabei erhält man 6 schmale Streifen. Für die abgebildeten Sterne können die Strohteile auf die Hälfte gekürzt werden.
Auf den Boden der umgedrehten Schüssel die Legeform mit den Zacken nach oben legen, und den Gummiring aus der Mitte entfernen. Die Strohstreifen werden zunächst im Uhrzeigersinn strahlenförmig in die Form eingelegt und mit dem Finger festgehalten. Im zweiten Schritt die Strohhalme so anordnen, daß jeweils drei Zacken der Legeform ausgespart werden. Bei jedem neuen Halm rückt man um eine Aussparung weiter. Dabei mit dem Finger alle Strohhalme festhalten. Nachdem

alle nötigen Halme gelegt sind, wird der Gummiring in die Form geklemmt. Derart fixiert, werden nun die Strohhalme auf der Außenseite der Form pro Lücke dreimal mit Bindfaden umwickelt. Nach dem Verknoten den Gummiring lösen und den Strohstern vorsichtig aus der Form heben. Der so entstandene, einfache Stern läßt sich nach Belieben zuschneiden.
Es entstehen kompliziertere Strohhalme, indem bei den

weiteren Schritten die Abstände zwischen den Zacken variiert werden.

Hierfür ein Beispiel:

1. Schritt: Kreuzform
2. Schritt: Zackenabstände = 3 Lücken
3. Schritt: Zackenabstände = 2 Lücken

Wichtig ist, daß die Strohhalme dabei nicht verrutschen. Nach dem Einlegen des Gummiringes empfiehlt es sich, zuerst das Zuschneiden in der Legeform vorzunehmen. Dadurch wird das anschließende Wickeln mit dem Bindfaden erleichtert.

WEIHNACHTSDEKORATIONEN AUS STOFF

SCHWIERIGKEITSGRAD

Kleine Nähkenntnisse sind erforderlich

ARBEITSZEIT

15–20 Minuten

HERSTELLUNGSPREIS

Ca. 0,20 bis 2,– DM

MATERIAL

Weihnachtliche Stoffreste; Wollreste; Deko-Band; kleine Deko-Äpfelchen; Goldstickgarn; Transparentpapier; Goldperlen; Polyesterwatte

HILFSMITTEL

Schere; Nadeln (Nähmaschine); Faden; Stecknadeln; Wollnadel; Bleistift

VORLAGEN

S. 104, Ö 1

AUSFÜHRUNG

Für ein Kränzchen drei 30 x 5 cm große Stoffstreifen zuschneiden, rechts auf rechts legen und mit etwa 1 cm Abstand zur Kante zusammennähen. Stoffstreifen wenden (s. S. 24) und mit Wolle füllen.

Die drei ausgestopften Stoffstreifen mit einer Stecknadel fixieren und flechten. Die Enden der jeweiligen Streifen so miteinander vernähen, daß der Flechtrhythmus nicht unterbrochen wird, d.h. das jeweilige Streifenende wird mit seinem eigenen Anfang zusammengenäht. Über die Nahtstelle eine Schleife aus Dekoband binden, einen Goldfaden als Aufhänger anbringen, und von Hand mit wenigen Stichen kleine Deko-Äpfelchen annähen.

Das Herz entsteht aus einem der oben beschriebenen Kränzchen. Dieses wird zum Herz geformt, auf der Rückseite an der Spitze und an der Schließnaht mit einigen Stichen von Hand in diese Form gebracht und fixiert. Weitere Ausgestaltung wie beim Kranz.

Den Stern zwölfmal von der Vorlage abpausen und mit 0,5 cm Nahtzugabe jeweils 6 Teile rechts auf rechts legen. Die Innennähte schließen. Die zwei so entstandenen Sterne rechts auf rechts aufeinanderlegen und ringsum zusammennähen. Eine kleine Öffnung von ca. 2,5 cm lassen. Nahtzugaben an den Spitzen schräg bis zur Naht abschneiden, die Nahtzugabe an den inneren Ecken einschneiden.

Die Arbeit wenden, und die Spitzen mit einem stumpfen Bleistift vorsichtig herausarbeiten. Gleichmäßig ausstopfen, und die Öffnung mit einigen Stichen von Hand zunähen. Einen Goldfaden als Aufhänger zwischen zwei Sternspitzen anbringen. In den Sternmittelpunkt jeweils eine Goldperle aufnähen.

DEKO-TIP:

An Tannenzweige hängen; auf Geschenkpäckchen legen

Tischschmuck Engelschor

SCHWIERIGKEITSGRAD
Leicht

ARBEITSZEIT
Für einen Engel: ca. 30 Minuten

HERSTELLUNGSPREIS
Für eine Dreiergruppe ca. 4,– DM

MATERIAL
Fotokarton (300 g);
Tonpapier: Weiß, Hautfarben;
Elefantenhautpapier: Hell;
Bastelfolie: Rot, Grün, Blau, Gold;
Filstift: Schwarz, fein;
Buntstifte: Schwarz, Rot

HILFSMITTEL
Bleistift; Klebstoff; kleine Schere

VORLAGEN
S. 104, Z 1–Z 7

AUSFÜHRUNG
Aus Fotokarton nach der Vorlage Schablonen für alle Teile fertigen. Körper- und Armteile auf Elefantenhaut, Gesicht auf hautfarbenes Tonpapier, Kleideroberteil, Flügelverzierung, Sternchen und Notenhefteinbände auf Bastelfolie übertragen und ausschneiden.
Vor dem Zusammenkleben des Kleides alle Teile auf den Engel aufkleben, und das Gesicht mit schwarzem und rotem Buntstift ausgestalten. Den Engel ca. 1/4 Stunde gut pressen. Dann die Handflächen zusammenkleben. Dabei müssen die Hände ineinanderliegen. Bis der Klebstoff getrocknet ist, können die Hände mit einer Büroklammer fixiert werden.
Für das Notenheft den Einband aus goldfarbener Folie, das Heft aus weißem Tonpapier schneiden. Das weiße Papier mit Noten und Text (Weihnachtslied) bemalen und entlang der Falzlinie in den Einband einkleben. Die Hände von innen mit Klebstoff bestreichen, trocknen lassen und das Notenheft ankleben.

DEKO-TIP:

Im Halbkreis wie einen Chor anordnen, einen Engel eventuell mit Taktstock versehen.

Weihnacht

Dekorative Krippe aus Tonkarton

SCHWIERIGKEITSGRAD

Die Krippe ist nach der Vorlage leicht zu fertigen.

ARBEITSZEIT

Etwa 3–4 Stunden für geübte BastlerInnen. Für weniger Geübte sind ca. 5–6 Stunden einzuplanen.

HERSTELLUNGSPREIS

Ca. 6,– DM

MATERIAL

Fotokarton (300g): Sandfarben; Tonkarton: Weinrot, Lila, Weiß, Dunkelblau, Violett, Flieder, Beige, Dunkelbraun; Tonpapierreste: Hautfarben, Dunkelbraun; Bastelfolie: Gold; Transparentpapier: Gelb; Filz: Weinrot, Lila, Dunkelblau, Gelb, Weiß, Grau, Schwarz; Watte: Weiß; Wolle: Dunkelblau, dick; Engelhaar; Goldkordel, dünn; 6 Holzkugeln 30 mm Ø; 1 Holzkugel 12 mm Ø

HILFSMITTEL

Nähfaden; Bleistift; Lineal; Klebstoff; Filzstifte: Braun, Schwarz, Rot; Buntstift: Rot; Plakatfarbe: Dunkelblau, Rot; Deckweiß; Pinsel; Nähnadel; große und kleine Schere

VORLAGEN

S. 104, Ä 1–Ä 30

AUSFÜHRUNG

Den **Stall** von der Vorlage gemäß der Angabe auf der Vorlage vergrößern, auf Fotokarton übertragen, ausschneiden und falzen. Die Wände mit braunem Filzstift bemalen, das Fenster mit doppelt gelegtem Transparentpapier hinterkleben, dann die Trennwand entsprechend der Abbildung und Vorlage befestigen. Das Dach ausschneiden, falzen, falten und gemäß Kennzeichnung ankleben. Den Komet aus doppelgeklebter Bastelfolie schneiden und vorn an der Dachmitte befestigen.
Die **Schafe** aus beigefarbenem Tonkarton schneiden, entsprechend der Kennzeichnung aufeinanderkleben. Mit schwarzem Filzstift ausgestalten und beidseitig mit dünner Watteschicht bekleben.
Josef: Das weinrote Gewand gemäß Einzeichnung kegelförmig zusammenkleben. Auf die Holzkugel mit schwarzem und rotem Filzstift ein Gesicht malen. Mit Deckweiß die Pupillen und mit rotem Buntstift die Bäckchen auftragen.
Für die Haare etwa elf 8 cm lange Wollfäden schneiden und entsprechend der Abbildung von vorn nach hinten auf den Kopf kleben. Zum Schluß die Fäden auf eine Länge stutzen, und die Kugel auf die Kegelspitze kleben. Die Hände aus hautfarbenem Tonpapier schneiden und von beiden Seiten auf die Arme kleben. Die Arme von hinten am Gewand befestigen.
Den Umhang entsprechend der Vorlage auf einen weinroten Nähfaden fädeln, auf eine Länge von 7 cm zusammenziehen, und das Fadenende verknoten. Abschließend den Umhang von hinten an den Körper kleben.
Maria: Zunächst wie den Josef fertigen, Frisur aus Engelhaar kleben. Den 2,5 x 24 cm langen Filzschal zuschneiden, am Hinterkopf befestigen, vorne kreuzen und festkleben.
König im weißen Gewand: Bei dieser Figur werden die Hände zusammengeklebt. Aus Bastelfolie eine 15 mm Ø große Kugel formen und von innen an die Hände kleben. Den Umhang am Kopf befestigen, entsprechend der Vorlage an den Seiten umschlagen und festkleben. Die Krone aus doppelt geklebter Folie fertigen.

König im violetten Gewand: Den Umhang fertigen (wie oben) und eine 23 cm lange, gedrehte Goldkordel zu einem 3 cm Ø großen Ring binden. Die Enden lang lassen und auf den Kopf kleben. Die aus doppelt geklebter Folie gefertigte Krone an beiden Händen festkleben.
Für den Mohr die Holzkugel mit braunem Filzstift anmalen. Hier werden Augen, Nase und Mund mit blauer und roter Plakatfarbe aufgetragen, die Pupillen mit Deckweiß ausgestaltet.
Die Hände aus dunkelbraunem Tonpapier fertigen und vorn zusammenkleben. Ein flaschenähnliches Gebilde aus Folie in den Händen befestigen.
Für die Haare einen langen Wollfaden an der Stirn beginnend schneckenförmig auf den Kopf kleben. Die Krone wird wieder aus doppelt geklebter Folie gearbeitet. Dann den Umhang fertigen.
Dem **Schäfer** einen Stock unter die innere Hand des linken Armes kleben. Den Umhang gemäß Vorlage zu- und einschneiden, auf den Nähfaden aufziehen und auf eine Länge von 6 cm zusammenziehen. Das Rückenteil hinter die beiden Vorderteile vor den Armen am Körper ankleben. Der Hut wird aus einem runden 7 cm Ø großen Filzstück gefertigt. 1,3 cm nach innen gesetzt einen Faden im Reihstich einziehen und den Hut damit so zusammenziehen, daß er auf die Holzkugel paßt. Die Fadenenden miteinander verknoten, und den Hut aufkleben.
Jesuskind: Den mit einem Gesicht bemalten Kopf auf die gekennzeichnete Stelle des Gewandes kleben. Das Gewand entsprechend der Vorlage einschlagen und zuschneiden. Die Goldkordel um das Gewand winden und auf dem Körper dreimal verknoten.
Mit zwei Fäden eine Goldkordel drehen und als Heiligenschein ankleben, dabei die Enden unter das Gewand stecken.
Für das Bett Wolle ca. 30–40 mal über 4 Finger einer Hand schlingen, von den Fingern abziehen und mit einem Faden in der Mitte abbinden. Die Schlingen aufschneiden, das Bett oval zuschneiden und das Jesuskind mittig aufkleben.

MINIATUR-KRIPPE AUS NATURMATERIALIEN

MATERIAL

Stoffreste; starke Vlieseline zum Aufbügeln; Filz; Biegeplüsch: Weiß, Braun; halbe Walnußschale; Peddingrohr o.ä.; Kiefernspanleisten, 1 cm breit, oder Eisstöckchen; Strohstern; Island-Moos o.ä.; Baumholzscheibe: Natur 20 mm Ø; Holzkugel: Natur 10 mm Ø; 2 Holzperlen: Natur 6 mm und 4 mm Ø; Engelshaar

HILFSMITTEL

Bügeleisen; Bleistift; Zirkel; Weißleim; Wassergefäß; Pinsel; Wasserfarben; Schere

SCHWIERIGKEITSGRAD

Einfach

ARBEITSZEIT

Eine gute Stunde

HERSTELLUNGSPREIS

Ca. 4,– bis 5,– DM

AUSFÜHRUNG

Für die beiden großen **Figurenkörper** aus der Vlieseline zwei Halbkreise mit einem Ø von 8 cm ausschneiden und diese auf die vorgesehenen Stoffe bügeln.
Nach dem Ausschneiden die Halbkreise jeweils tütenförmig so zusammenkleben, daß oben noch eine kleine Öffnung frei ist. Dort zwei sich gegenüberliegende, kleine Kerben hineinschneiden.
Der Kragen besteht aus Stoffkreisen mit einem Ø von 5 cm.
Für die Arme ein Stoffstück in Größe 8 x 2 cm mit einem kleinen Loch in der Mitte versehen.
Ein 18 cm langes Stück weißer Biegeplüsch wird zur Hälfte zusammengelegt und von der Mitte her einige Male verdrillt. Ein 8 cm langes Armstück aus Biegeplüsch wird eingelegt und durch weiteres Verdrehen der langen Teile fixiert. Den so entstandenen Puppenkörper von oben so in den Stoffkegel stecken, daß die Arme in den Einkerbungen zu liegen kommen.
Das Stoffteil für die Arme nun auflegen und an den Enden Holzperlen von 6 mm Ø als Hände befestigen. In die Mitte des Kragens eine kleine Öffnung schneiden und den Puppenkörper von unten durchstecken.
Den Kugelkopf mit Kleber aufsetzen und bemalen.
Nachdem das Gesicht getrocknet ist, erhält die **Maria** eine Frisur aus Engelshaar. Dazu das Haar zwischen zwei Papiere im Steppstich zusammenfassen. Nach dem Entfernen des Papiers die Perücke aufkleben und das Haar zu einem Pferdeschwanz zusammenbinden.
Josefs Bart ist ein rundgebogenes, 5 cm langes Stück weißer Biegeplüsch. Er trägt eine Kopfbedeckung aus Filz. Dazu werden zwei Filzkreise (5 cm und 2 cm Ø) aufeinandergeklebt und als Schlapphut aufgesetzt. Josef erhält einen Stab aus Peddingrohr.
Das **Jesuskind** besteht aus einem Körper aus zwei Stückchen braunen Biegeplüschs (3 und 7 cm Länge), die miteinander verdrillt werden. Nach dem Aufkleben wird der Kugelkopf (10 mm Ø) bemalt. Holzperlen stellen die Hände dar.
Das Jeseskind liegt in einer halben Walnußschale; die Decke bildet ein 4 x 4 cm großes Filzstück, das mit Watte unterlegt wird.
Auf eine Baumscheibe etwas Moos kleben und die Figuren dazwischenstellen.

Zur weiteren Ausschmückung dient ein kleiner Zaun aus Kiefernspanleisten, die nach dem Zusammenbau mit Wasserfarben braun angestrichen werden. Ein kleiner Ast mit einem aufgehängten Strohstern (s. Ausführung S. 94) ergänzt die Krippe.

DEKO-TIP:

Zwischen Moos stellen; aus großen Rindenstücken eine Art Hütte um die Krippe bilden.

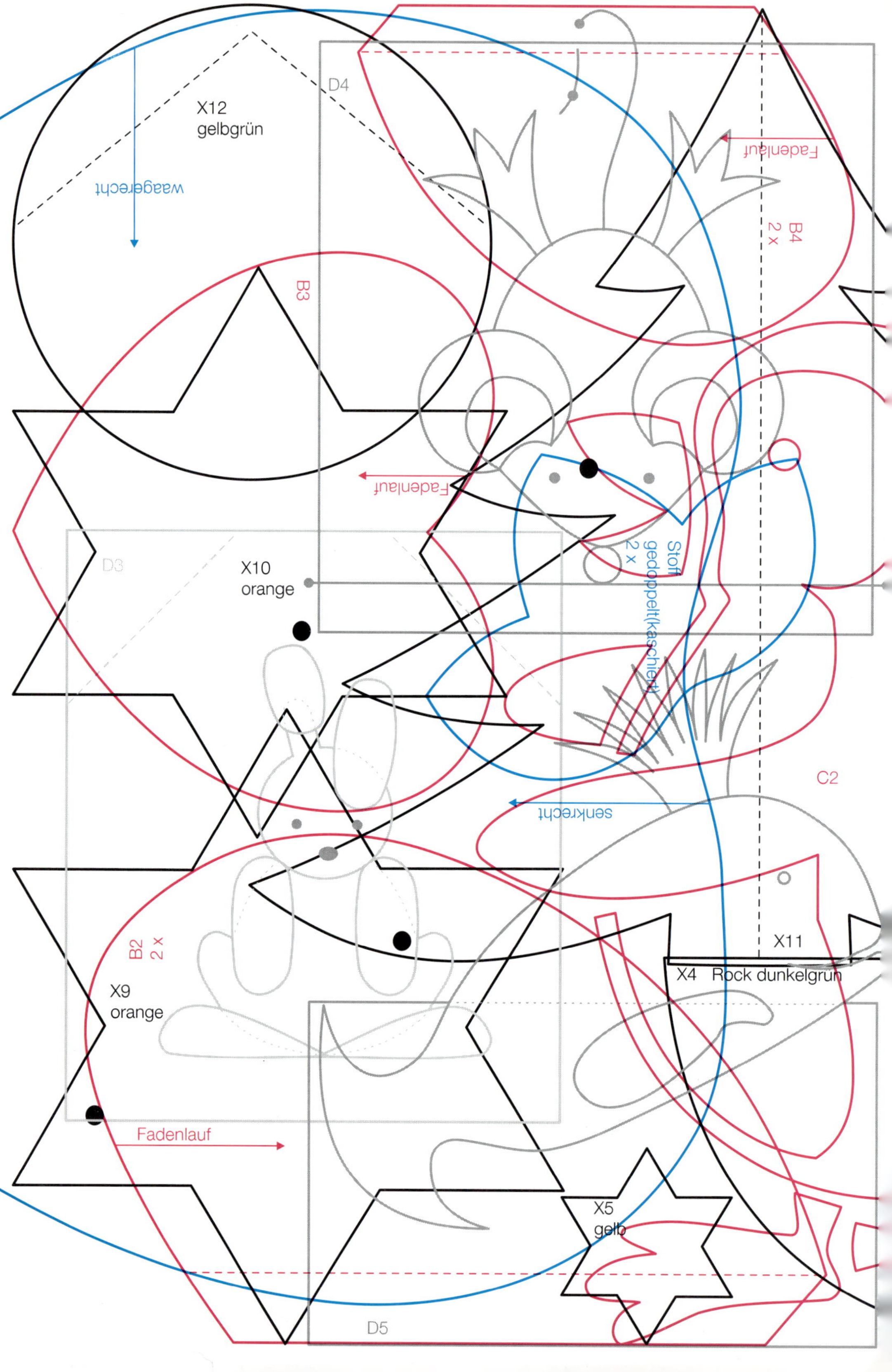

X12
gelbgrün
waagerecht
D4
Fadenlauf
B4
2 x
B3
Fadenlauf
D3
X10
orange
Stoff
gedoppelt(kaschiert)
2 x
C2
senkrecht
B2
2 x
X9
orange
X11
X4 Rock dunkelgrün
Fadenlauf
X5
gelb
D5
A1

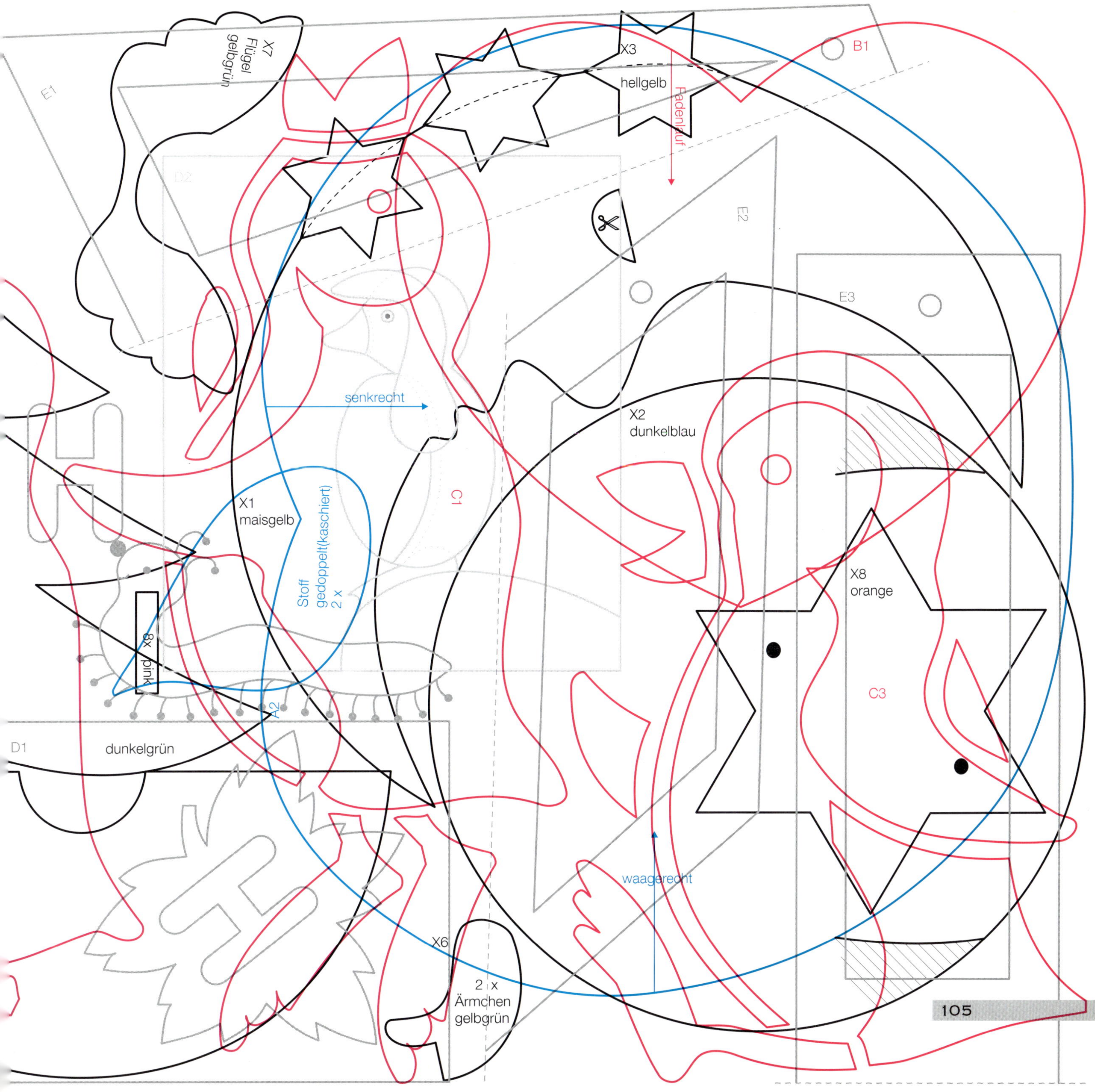

X7
Flügel
gelbgrün
E1
X3
hellgelb
Fadenlauf
B1
D2
E2
E3
senkrecht
X2
dunkelblau
X1
maisgelb
Stoff
gedoppelt(kaschiert)
2 x
C1
X8
orange
8x pink
C3
A2
D1
dunkelgrün
waagerecht
X6
2 x
Ärmchen
gelbgrün

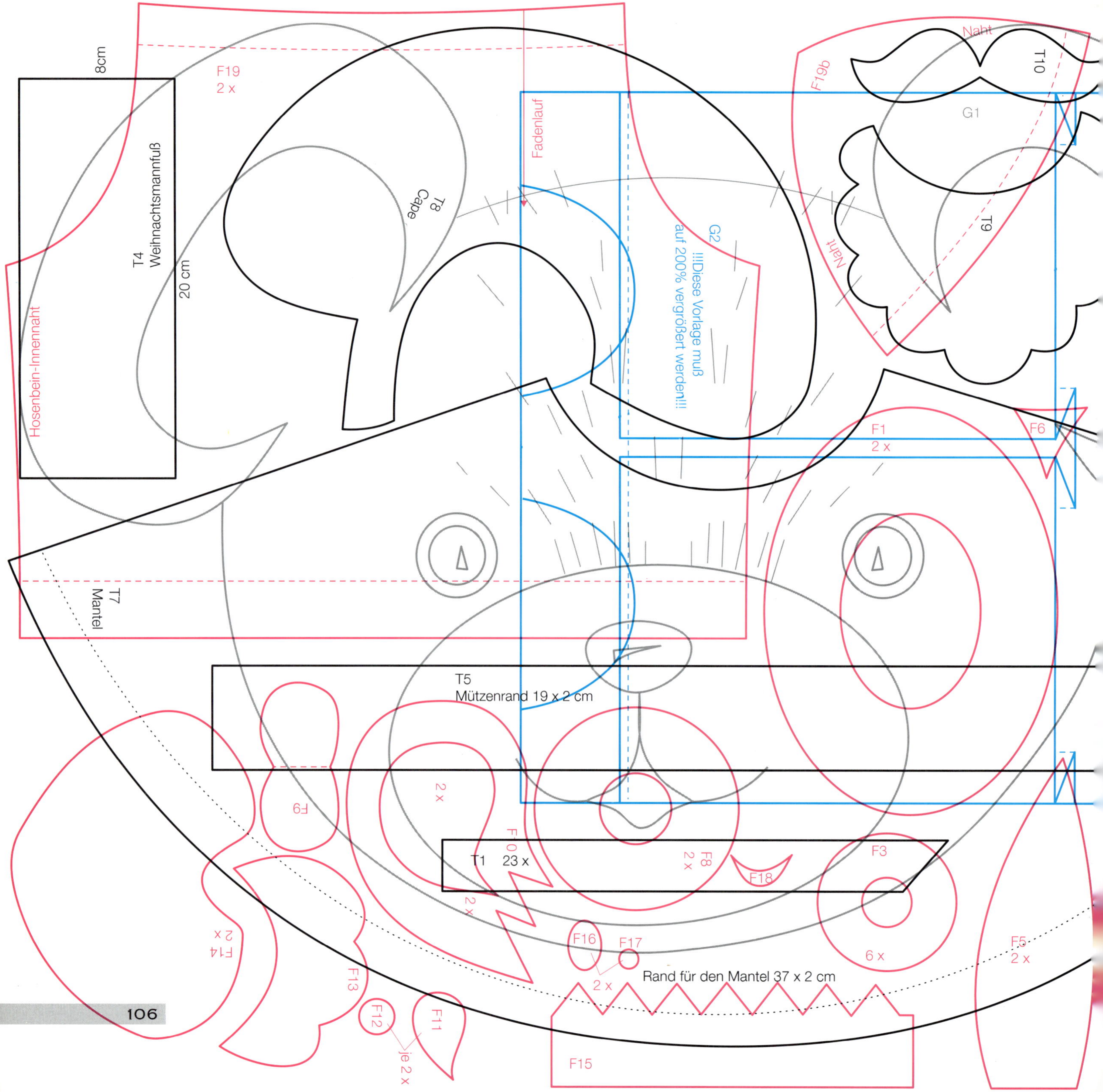
8cm
F19
2 x
T4
Weihnachtsmannfuß
20 cm
Hosenbein-Innennaht
T8
Cape
Fadenlauf
G2
!!!Diese Vorlage muß auf 200% vergrößert werden!!!
F19b
Naht
T10
G1
T9
Naht
F1
2 x
F6
T7
Mantel
T5
Mützenrand 19 x 2 cm
F9
2 x
F10
F8
2 x
T1 23 x
F18
F3
6 x
2 x
F14
2 x
F13
F16
F17
2 x
Rand für den Mantel 37 x 2 cm
F12
F11
je 2 x
F15
F5
2 x

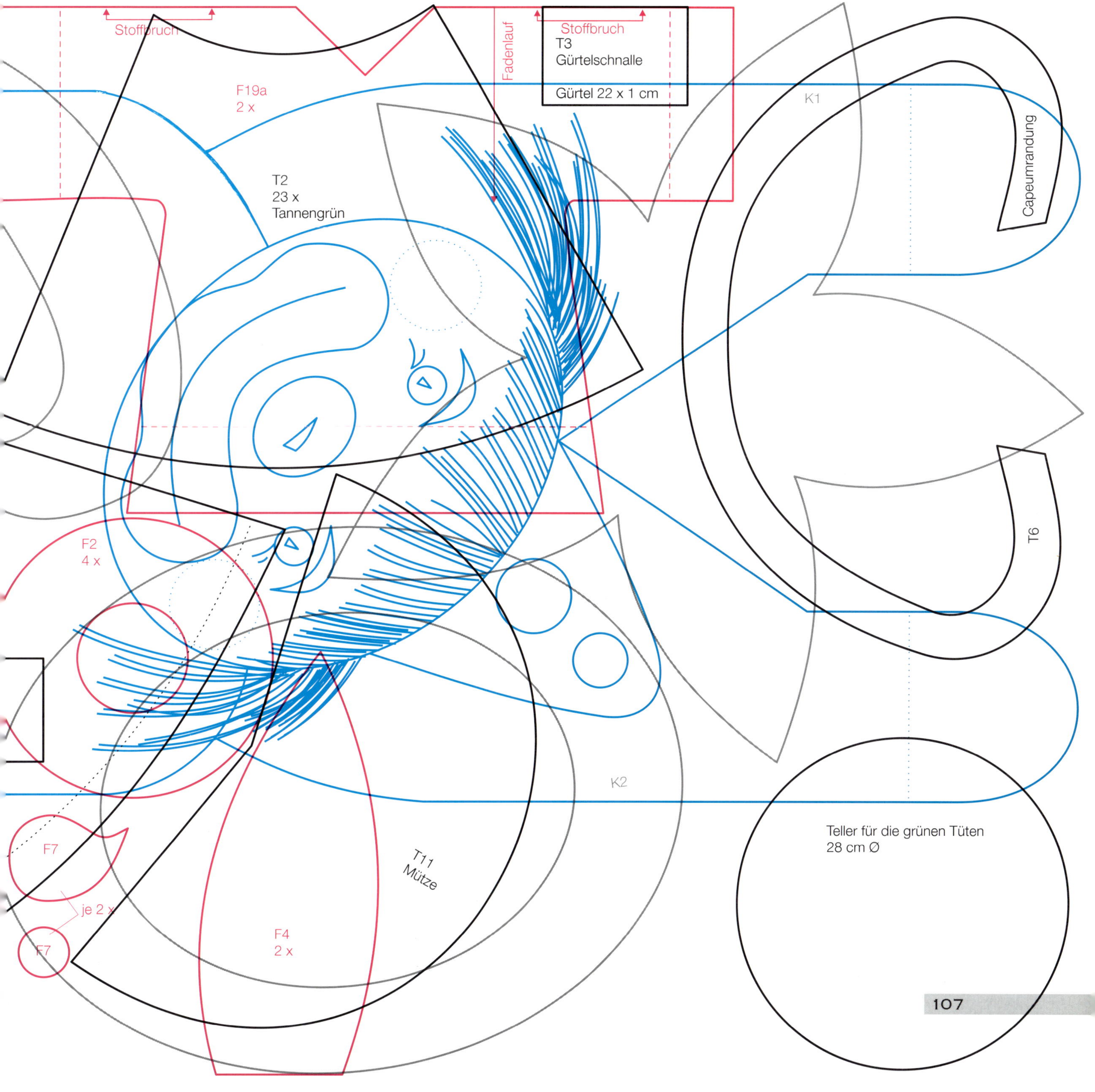
Stoffbruch
F19a
2 x
Fadenlauf
Stoffbruch
T3
Gürtelschnalle
Gürtel 22 x 1 cm
K1
Capeumrandung
T2
23 x
Tannengrün
F2
4 x
T6
K2
Teller für die grünen Tüten
28 cm Ø
F7
T11
Mütze
je 2 x
F7
F4
2 x

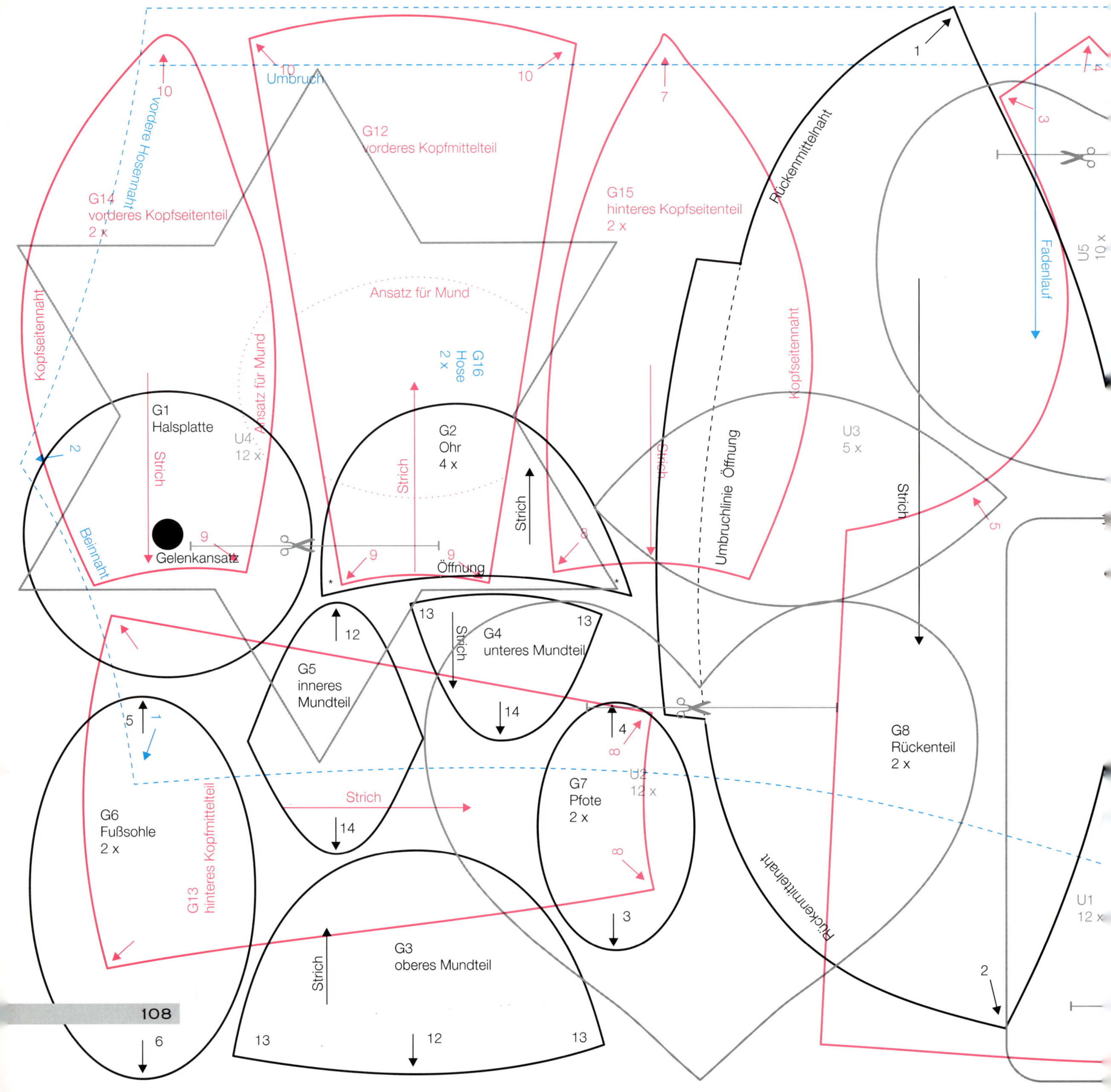

G14
vorderes Kopfseitenteil
2 x
vordere Hosennaht
Umbruch
G12
vorderes Kopfmittelteil
G15
hinteres Kopfseitenteil
2 x
Rückenmittelnaht
Fadenlauf
U5
10 x
Ansatz für Mund
Kopfseitennaht
G16
Hose
2 x
U4
12 x
G1
Halsplatte
Strich
Gelenkansatz
Beinnaht
G2
Ohr
4 x
Öffnung
Umbruchlinie Öffnung
U3
5 x
G4
unteres Mundteil
G5
inneres
Mundteil
G8
Rückenteil
2 x
G7
Pfote
2 x
U2
12 x
G6
Fußsohle
2 x
G13
hinteres Kopfmittelteil
G3
oberes Mundteil
U1
12 x

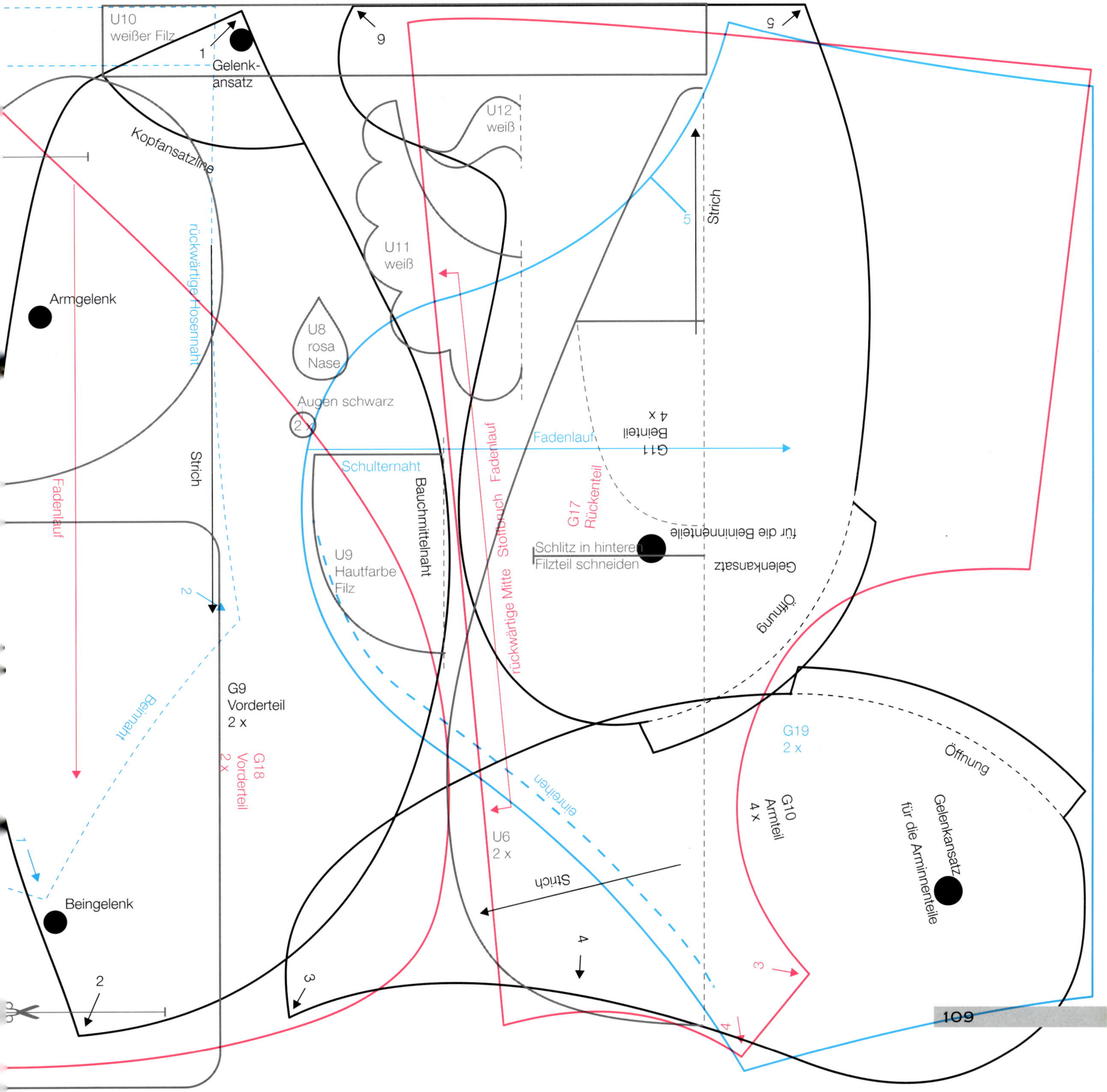
U10
weißer Filz
1
Gelenk-
ansatz
6
5
U12
weiß
Kopfansatzlinie
rückwärtige Hosennaht
5
Strich
U11
weiß
Armgelenk
U8
rosa
Nase
Augen schwarz
2 x
Fadenlauf
G11
Beinteil
4 x
Schulternaht
Bauchmittelnaht
Fadenlauf
Stoffbruch
G17
Rückenteil
für die Beininnenteile
Schlitz in hinteren
Filzteil schneiden
Gelenkansatz
Strich
Fadenlauf
U9
Hautfarbe
Filz
rückwärtige Mitte
Öffnung
2
Beinnaht
G9
Vorderteil
2 x
G18
Vorderteil
2 x
G19
2 x
Öffnung
einreihen
G10
Armteil
4 x
Gelenkansatz
für die Arminnenteile
U6
2 x
Strich
1
Beingelenk
2
3
4
3
4

V2
Y3
Y2
Klebefläche Mond vorne
Klebefläche Stern
I3
20 x
I2
12 x
Klebefläche Mütze
Y4
Ü5
I1
O5
M5
O4
L1
2 x
L2
2 x
F1
F3
F4
F2
O3

R3
M2
R2
und
RR2
Ü8
M1
Ü1
R1
und
RR1
Ü6
von hinten an die Wolke
S1
12 x
Tonkarton rot
Ü4
Klebefläche Mond hinten
O2
I4
2 x
M4
M3
Ü2
von vorn an die Wolke
O1
Ü7
Ü3

P1
H2
H1
H3
W11
H4
W9
W22
W7
H6
W18
W21 gold
W20 blau
P2
H5
W8
W1
Q12
Q11
W2
Q10
W3 gold
Q9
Q8
Q7
W23
Aufhänger
H7
auf 3 cm einhalten
H8
Sonne, Mond und Sterne
J12 2 x
Ärmel
J9
H9
W10
H10
H11
Ö1
J13 2 x
P3
J16
J15
H12
auf 7 cm einhalten
H13
blau
gold
braun 2 x
H14
weiß
weiß
J14 rot 2 x
H15
H16
H17
J11
P5
Stiefel

Q7
Q2
Q3
N2
Q4
W4
W26
W25
N3
Q5
Aufhänger
W15 gold
N2
N1
W12 blau
W16 blau
blau
W27
weiß
W5
J7 8 x
J3 4 x
J6 Hutkrempe 4 x
J5 Hutkopf 4 x
J2 Schneemannkörper 4 x
weiß
Q6
blau
P6
gold
J8 Schal 4 x
J4 Hutdeckel 4 x
blau gold
W6
N4
J1 16 x
N5

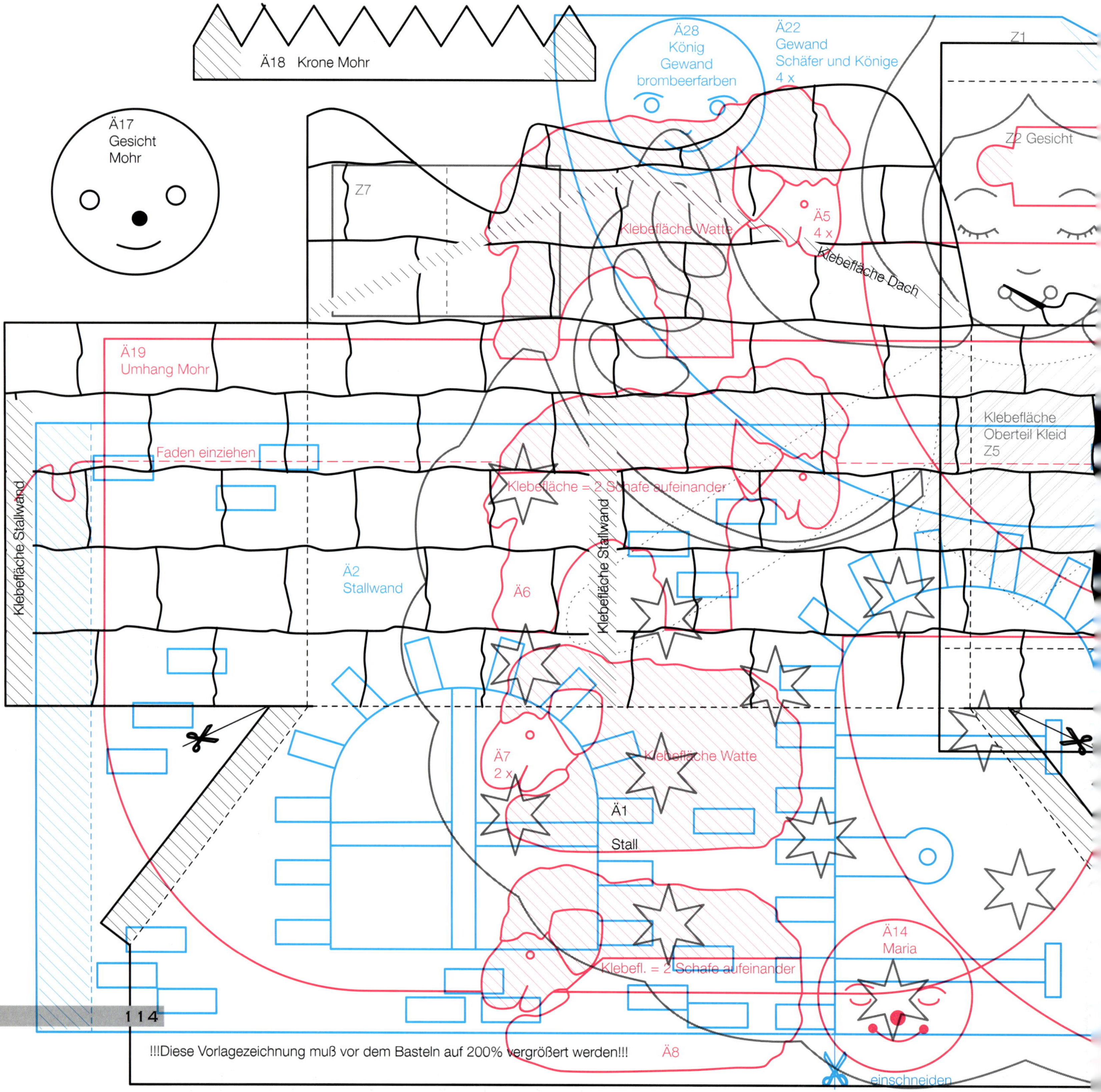

!!!Diese Vorlagezeichnung muß vor dem Basteln auf 200% vergrößert werden!!!

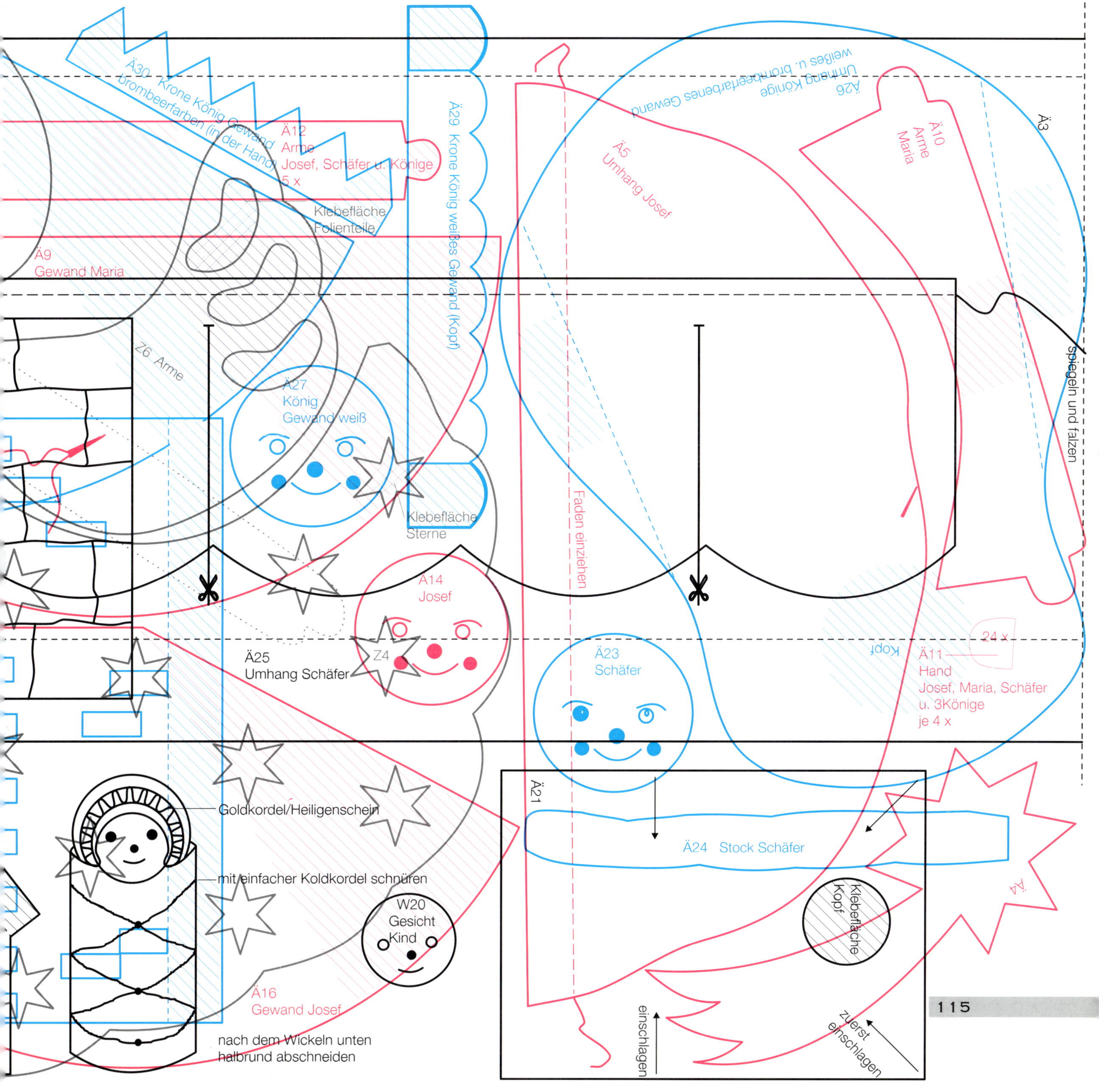
Ä30 Krone König Gewand brombeerfarben (in der Hand)
Ä12 Arme Josef, Schäfer u. Könige 5 x
Klebefläche Folienteile
Ä9 Gewand Maria
Ä29 Krone König weißes Gewand (Kopf)
Ä26 Umhang Könige weißes u. brombeerfarbenes Gewand
Ä5 Umhang Josef
Ä10 Arme Maria
Ä3
Spiegeln und falzen
Z6 Arme
Ä27 König Gewand weiß
Klebefläche Sterne
Faden einziehen
Ä14 Josef
Z4
Ä25 Umhang Schäfer
Ä23 Schäfer
Kopf
Ä11 Hand Josef, Maria, Schäfer u. 3Könige je 4 x
24 x
Ä21
Ä24 Stock Schäfer
Goldkordel/Heiligenschein
mit einfacher Koldkordel schnüren
W20 Gesicht Kind
Klebefläche Kopf
Ä4
Ä16 Gewand Josef
nach dem Wickeln unten halbrund abschneiden
einschlagen
zuerst einschlagen

ZUM AUTORINNENTEAM GEHÖREN:

CORNELIA BENZ
lebt mit ihrem Mann und ihren beiden Söhnen in Karlsruhe. Sie ist als Krankengymnastin tätig. Seit vielen Jahren setzt sie sich besonders mit dem Werkstoff Papier auseinander. Dabei bildet das Arbeiten mit Kindern den Schwerpunkt. Von ihr sind bereits einige erfolgreiche Publikationen beim Christophorus-Verlag erschienen. In diesem Buch finden sich ihre Bastelarbeiten auf den Seiten 38, 42, 62 (Schwimmkerzen aus Schnapsgläschen), 76, 87, 94 (Folienschmuck).

IRENE FACKLER
lebt mit ihrer Tochter in Freiburg. Nach einer sozialpädagogischen Ausbildung war sie zunächst beim Stadtjugendamt München tätig. Mittlerweile hat sie eine Konditorenlehre abgeschlossen und war bis vor kurzem Inhaberin eines Cafés in Freiburg. Zunehmend widmet sie sich dem kreativen Gestalten und der Verlagsarbeit. Im Christophorus-Verlag sind von ihr bereits einige Bücher über textiles Gestalten erschienen. Sie bereitete die Lebensmittel auf den Seiten 14–19, 22 und 64–66 vor. Ferner stammen folgende Bastel- und Näharbeiten von ihr: S. 24, 26, 30, 46, 48, 54, 72, 96.

DIANA FLUCK
Diana Fluck lebt mit ihrem Mann und ihren beiden noch kleinen Söhnen in München. Schwerpunkt ihrer Arbeit ist die Seidenmalerei. Im eigenen Atelier gibt sie Unterricht, lehrt Seiden- und Stoffmaltechniken und gibt Aquarellzeichen-, Puppen- und Teddybärenkurse. Auf vielen Ausstellungen verkaufte sie textile Kunst und Kleidung sowie Schmuck und Accessoires. Im Christophorus-Verlag ist bereits eine Publikation von ihr erschienen. Im vorliegenden Buch erarbeitete sie die Seidenmalerei-Modelle auf den Seiten 34, 36 und 39.

TRAUDEL HARTEL
lebt mit ihrem Mann in Frankfurt. Ihre beiden Söhne sind bereits erwachsen. Sie arbeitet als freie Mitarbeiterin in Verlagen, im Museum für Kunsthandwerk in Frankfurt, als Dozentin in der Erwachsenenfortbildung und in der Behindertentherapie. In England beschäftigte sie sich intensiv mit Design,Patchwork und Papierschöpfen. Sie ist Buchautorin (auch im Christophorus-Verlag) und veranstaltet Seminare für kreatives Gestalten. Für ihre Arbeiten erhielt sie zahlreiche Preise. Im vorliegenden Buch stammen die Karten aus Wellpappe auf S. 74 von ihr.

HILDA KELLERMANN-RIETL
wohnt mit ihrem Mann in Köln. Ihre Tochter ist bereits erwachsen. Nach einem Kunst- und Designstudium an der Werkkunstschule Köln ist sie heute als Graphikerin und Illustratorin von Kinderbüchern sowie als Autorin für den Christophorus-Verlag tätig. Von ihr sind die Beiträge auf folgenden Seiten: 70, 78–86 und 90.

CHRISTA MÖLLER
lebt mit ihrem Mann in Dortmund. Viele Jahre war sie als Grundschullehrerin tätig. Seit geraumer Zeit widmet sie sich zunehmend ihren kreativen Interessen. Sie ist Autorin zahlreicher Bastelbücher für Kinder (auch im Christophorus-Verlag). Sie entwarf das weihnachtliche Briefpapier auf S. 77 sowie die Fensterbilder auf S. 88.

INGRID MORAS
wohnt mit ihrer Familie bei Kaufbeuren. Nach langjähriger Tätigkeit als Lehrerin für Grund- und Hauptschulen arbeitet sie nun ausschließlich auf kreativem und künstlerischem Gebiet. Hier ist sie als Autorin erfolgreicher Anleitungsbücher für Seiden- und Stoffmalerei sowie zahlreicher Bücher mit Bastelarbeiten für Kinder bekannt geworden. Sie hat bereits mehr als

dreißig Bände bei Christophorus veröffentlicht.
Ihre Arbeiten befinden sich auf den Seiten: 28, 32, 40, 43, 44, 68, 92.

UTE POHL
lebt, nach Absolvierung ihrer Ausbildung zur Gymnasiallehrerin für die Fächer Biologie und Chemie, mit ihrer Familie seit vielen Jahren in der Nähe von Würzburg. In ihrer Freizeit betätigt sie sich gerne kreativ, fertigt Batikarbeiten und vorwiegend Ostereier, die sie auf Ausstellungen und Ostereiermärkten im In- und Ausland zeigt. Von ihr stammen die Beiträge auf den Seiten
52, 53, 62 (Kerzen aus Backförmchen),
63, 73, 94 (Strohsterne), 102.

URSULA RITTER
lebt mit ihrem Mann und ihren beiden Söhnen in der Nähe von Freiburg. Sie arbeitet seit fast 30 Jahren als Erzieherin und leitet einen Kindergarten. Außerdem gibt sie Kurse für Erwachsene und Kinder zum Thema „Kreatives Gestalten". Das Arbeiten mit Papier und Naturmaterialien bildet einen besonderen Schwerpunkt ihrer Tätigkeit. Im Christophorus-Verlag sind von ihr über dreißig sehr erfolgreiche Publikationen zu verschiedenen Bastelthemen erschienen. Die hier beschriebenen floristischen Dekorationen auf den Seiten 58–61 stammen von ihr.

ANDREA SEIFERT
ist gelernte Kinderpflegerin und Erzieherin. Sie lebt mit ihrem Mann in der Nähe von Gießen und leitet dort seit vielen Jahren einen Kindergarten. Lange Zeit war sie nebenbei als Referentin für Kindertagesstätten tätig. Jetzt widmet sie sich als Autorin für kreative Themen verstärkt der Verlagsarbeit. Ihre Beiträge zu diesem Buch sind auf den Seiten 50 und 51 sowie 98 und 100 zu finden.

ISBN 3-419-52835-3

Styling und Fotos: Roland Krieg, Waldkirch
Reinzeichnungen: Uwe Stohrer, Norsingen
Umschlaggestaltung: Network!, München
Gesamtproduktion: IMPRESS, München
Herstellung: Beltz, Hemsbach, 1995

DAS SIND UNSERE BELIEBTEN UND ERFOLGREICHEN REIHEN:

BASTEL-, SPIEL & WERKBÜCHER

KUNSTWERKSTATT SEIDE

KLEINE MALSCHULE

KOMPAKTKURSE MALEN UND ZEICHNEN

SEIDENMALEREI – SO GEHT'S

AQUARELLMALEREI – SO GEHT'S

HOBBY & WERKEN

BRUNNEN-REIHE

EDITION ZWEIGART UND COATS MEZ EDITION TEXTILES HANDARBEITEN

Lernen Sie diese Bücher kennen. So einfach ist es: Schicken Sie eine Postkarte an den

CHRISTOPHORUS-VERLAG,
Hermann-Herder-Str. 4,
D-79104 Freiburg.
Oder rufen Sie uns an:
Telefon: 07 61 / 27 17-268
Fax: 07 61 / 27 17-352

UNSER KATALOG KOMMT POSTWENDEND.

Für Sie sind wir auch da, wenn Sie Fragen an unsere AutorInnen, zu den Anleitungen oder zu den Materialien haben.
Und Ihre eigenen Ideen und Anregungen interessieren uns. Denn wir lernen gerne von unseren LeserInnen. Also schreiben Sie uns bitte.

CHRISTOPHORUS

BÜCHER MIT IDEEN

Textiles Handarbeiten
Unter anderem sind erschienen
- Das Häkel-Buch 1 und 2
- Kreuzstich kreativ
- Das Kreuzstich-Buch 1, 2 und 3
- Das Kreuzstich-Buch Landleben
- Das Kreuzstich-Buch Weihnachten
- Das Hardanger-Buch 1 und 2
- Patchwork
- Weihnachts-Stickerei
- Frühling & Osterzeit
- Blumen und Blüten

Weitere Bände in Vorbereitung

EDITION ZWEIGART & COATS MEZ EDITION

Die Reihe für Einsteiger
- Farbe, Pinsel, Papier
- Grundtechniken
- Kombinierte Techniken
- Zeichentechniken

AQUARELLMALEREI – SO GEHT'S

- Zeichnen
- Aquarell
- Ölmalerei
- Seide
- Kalligraphie

KOMPAKTKURSE

Bisher erschienen:
- Spaß mit Lernspielen
- Wir zeigen Euch ein Weinachtsspiel
- Das Seidenmalbuch
- Auf und ab & hin und her
- Das Mitmachbuch zur Weihnachtszeit
- Kinder machen Theater

BASTEL-, SPIEL-, WERKBÜCHER

Seidenmalerei im Stil von:
- Gustav Klimt
- Roaul Dufy
- Claude Monet
- Joan Miró
- Paul Gaugin
- Vincent van Gogh
- Henri Matisse
- August Macke

KUNSTWERKSTATT SEIDE

Insgesamt über 50 Bände zu den Themen
- Papier kreativ
- Stoff- und Seidenmalerei
- Teddys, Puppen & Co.
- Schmuck
- Modellieren, Gießen und Gestalten
- Dekorationen

HOBBY & WERKEN

- Das Umwelt-Bastelbuch für Kinder
- Das Fenster-Bilderbuch
- Das Weihnachts-Bastelbuch
- Das Oster-Bastelbuch
- Das Umwelt-Bastelbuch 2

BASTEL-, SPIEL-, WERKBÜCHER
IN ZUSAMMENARBEIT MIT ÖKO-TEST

Die Reihe für Einsteiger
- Aquarelltechnik
- Salztechnik
- Konturentechnik
- Alkoholtechnik
- Farbe auf Seide
- Blumenmotive
- Landschaften

SEIDENMALEREI – SO GEHT'S

KLEINE MALSCHULE 8 Bände

Insgesamt über 180 Bände zu den Themen
- Papier kreativ
- Stoff- und Seidenmalerei
- Teddys, Puppen & Co.
- Schmuck
- Modellieren, Gießen und Gestalten
- Dekorationen

BRUNNEN-REIHE